Versuch

die

mathematischen

Regeln der Perspektive

für

den Künstler

ohne Theorie anwendbar zu machen

von

Bernh. Friedr. Mönnich,

Geheimen Oberberg- und Baurath, wie auch Mitgliede der Königl. Akademie der Wissenschaften, u. des Senats der Königl. Akademie der bildenden und mechanischen Künste.

Zweite unveränderte Auflage.

Mit 10 Kupfertafeln.

Berlin,

im Verlage der K. Pr. akad. Kunst- und Buchhandlung

1801.

Des

würklichen geheimen

Staats- Krieges- und dirigirenden

Ministers

auch

Ritters vom großen schwarzen Adlerorden

Herrn

Freiherrn von Heinitz

Excellenz

als dem

hohen Kurator

der Königlichen Akademie der Künste

unterthänigst zugeeignet

von

dem Verfasser.

Vorrede.

Man wird freilich oft genug bemerkt haben, daß manche von den bildenden Künstlern zu verstehen geben wollen, als wenn die eigentliche mathematische Perspektive bei ihren Kunstprodukten von wenig oder gar keinem Gebrauch sei, und als wenn ihnen die Kunst in einem festen und richtigen Augenmaaß, in der Vertheilung des Hellen und Dunkeln, und in der sogenannten Luftperspektive Hülfsmittel genug an die Hand gebe, den sinnlichen Schein und die perspektivische Täuschung, ihren verschiedenen Gruppirungen oder Landschaftsgemälden mitzutheilen. Ohne mir hier schon anzumaßen, über die Richtigkeit oder Unrichtigkeit dieser Behauptung etwas zu entscheiden, führe ich nur an, daß ich ebenfalls und eben so oft von andern Künstlern, besonders Malern und Kupferstechern, den Wunsch habe äußern hören, die Regeln der mathematischen Perspektive recht inne zu haben, und daß sie sich beklaget, oft durch den Abgang derselben in Verlegenheit zu gerathen. Der jetzt so berühmt gewordene große Landschaftsmaler Hackert gilt mir mit seinem Zeugniß für alle. In den Jahren 1764 und 65, also ziemlich bei seinem ersten Entstehen, habe ich ihn gekannt, als er sich damit beschäftigte, schwedische und rügensche Prospekte nach der Natur zu zeichnen, und ich habe ihn den Wunsch äußern hören, die Regeln der mathematischen Perspektive bestimmt inne zu haben. Auch zweifle ich keinesweges, daß er sie sich bei seiner ausnehmenden Strebsamkeit in der Folge wird eigen zu machen gewust haben. Daß er sich damals noch, um seine Prospekte der Natur gemäß auf der Tafel darzustellen, der finstern Kammer bediente, weiß ich eben so gewiß, und ich zweifle auch in der That, ob der größte Landschaftsmaler, der wirkliche Prospekte, nicht Ideale seiner Einbildungskraft zeichnen will, im Stande seyn wird, bloß nach dem Augenmaaß, ohne alle andere Hülfsmittel, die Gegenstände so darzustellen, daß man die ganze Gegend aus demselbigen Gesichtspunkte, in welchem sie der Maler vor Augen hatte, wieder ganz für dieselbige erkennet.

kennet. Und doch gehen die Forderungen der Perspektive in der That viel weiter. Aus jedem Gesichtspunkt, selbst aus einem solchen, in welchem man zur Zeit, da man das Gemälde entwirft, mit dem Auge nicht hinkommen kann; soll es doch so gezeichnet werden können, daß es der Wirklichkeit entsprechen muß, wenn man sich dereinst mit diesem Gemälde in den rechten Gesichtspunkt stellet.

Doch dem sei, wie ihm wolle, so mögen es die Künstler unter sich ausmachen, ob mathematische Perspektive und in wie weit sie ihnen nützlich ist. Mir scheint es übrigens, als wenn die Hauptursache, warum die eine Parthie behauptet, sie sei entbehrlich, und weswegen die andre ihren Mangel bedauret, gehoben werden könnte, wenn nicht die Anwendung derselben mehr Kenntniß der Geometrie, Trigonometrie, und besonders der Buchstabenrechnung voraussetzte, als sich gewöhnlich die Künstler zu erwerben Zeit oder Lust haben. Wäre ohne die Erlernung dieser trocknen, und wie sie glauben, äußerst schweren Wissenschaften es nur möglich, die Regeln der mathematischen Perspektive zu begreifen und anzuwenden; so würden sie sehr gerne davon Gebrauch machen. Dies glaube ich nach den Aeußerungen so mancher Künstler behaupten zu können. Und ich muß gestehen, ich habe schon lange einen Trieb gefühlt zu versuchen, ob es nicht möglich sei, hierin dem Künstler zu Hülfe zu kommen.

Ich halte es der Wissenschaft gar nicht unanständig, sich, um nützlich zu seyn, nach dem Maaße der Kenntniß desjenigen zu bequemen, der die von ihr aus der Tiefe gegrabenen Schätze nutzen will. Es kann seyn, daß eine bloß wissenschaftliche Darstellung dem Eingeweihten, wenn er mit seinen Ordensgenossen allein zu thun hat, oder auf kürzerem Wege in der Wissenschaft selbst Fortschritte machen will, brauchbarer ist, als die gemeinverständliche Sprache; aber kann er seine gefundenen Resultate nicht in diese letztere übersetzen, so bleibt seine Wissenschaft desto unbrauchbarer für die Welt, und sie ist ein todtes Kapital, was keine Zinsen trägt.

Kenner der Mathematik und Physik sind schon seit vielen Jahren öfters, gleichsam aus dem Innern ihrer Tempel, unter die größere Menge ihrer ungeweihten Mitbürger getreten, um ihnen nützlich zu seyn. Ich wüßte nicht, daß es ihrem Ruhme und dem Fortgange ihrer Wissenschaft geschadet hätte. Indessen will ich nicht beurtheilen, ob es nicht andere Wissenschaften giebt, die von einer geheimheimnißvollen Dunkelheit, wie man behaupten will, und von einer gemein unverständlichen Sprache Vortheile ziehen können, so daß sie, durch die Bemühung sie populär zu machen, eine Zeitlang in Gefahr gestanden haben sollen, ihr ganzes auf Dunkelheit gegründetes Ansehen zu verlieren.

Doch ich komme zu meinem Zweck, von welchem die Dunkelheit die größte Feindin ist, die ich am liebsten vermeiden möchte. Denn ich habe folgende Abhandlung über mathematische Perspektive in der Absicht entworfen, um sie den Künstlern, die nicht immer alle mathematische Vorkenntnisse besitzen, brauchbar zu machen.

Alle perspektivischen Aufgaben, welche darin vorkommen, sollen mit den simpelsten Instrumenten, dem Lineal und dem Zirkel, dem Transporteur und Proportionalzirkel aufgelöset werden; der letzte soll besonders genutzet werden. Ich lege aber hiebei einen solchen Proportionalzirkel zum Grunde, wie ihn der seelige Lambert in seiner freien Perspektive beschreibet, und zum Gebrauch für die Künstler eingerichtet hat. Er selbst scheint es gefühlt zu haben, daß bei allen Vorzügen dieses Instruments dasselbe doch schwerlich bei dem Künstler in Gebrauch kommen würde, de, wenn ihm nicht eine Anleitung gegeben würde, die er auch ohne gelehrte, geometrische und analytische Kenntnisse verstehen könne. Und um deswillen schrieb Lambert ein paar Bogen unter dem Titel: **Kurzgefaßte Regeln zu perspektivischen Zeichnungen, vermittelst eines darzu eingerichteten Proportionalzirkels, 1768.**

Diese Regeln sind zum Theil gewiß mit vieler Deutlichkeit und Präcision abgefaßt. Inzwischen habe ich verschiedne Künstler darüber sich beschweren hören, daß sie sie nicht verstehen könnten. Verstehen ist bekanntermaßen ein relativer Begrif, und will ich auch nicht entscheiden, wo hier die Schuld liegen mag. Inzwischen ist es bekannt, daß so tiefsinnige Gelehrte, wie **Lambert** war, sich selten nach den Layen in ihrer Wissenschaft genugsam bequemen, wenigstens nicht anhaltend genug die populäre Vorstellungsart wissenschaftlicher Begriffe durchführen können, vielmehr bald wieder sich in die ihnen so bekannten höhern Regionen zu verlieren pflegen.

Vielleicht ist er auch nur nicht umständlich genug gewesen, oder hat sich nicht deutlich genug über die erste Anlage des Gemäldes in Bestimmung der Horizontal- und Fun-

Fundamentallinie, Höhe des Augenpunkts und Abstand des Auges u. s. w., welche von einander mehr oder weniger abhängig sind, herausgelassen. Ich habe wenigstens gefunden, daß das Schwanken in diesen Stükken den Maler wegen alles übrigen sehr ungewiß macht, und ihm die Anwendung der weitern perspektivischen Regeln erschweret.

Meine Absicht ist nun, zu versuchen, ob ich, der ich schon lange aus der alleinigen Beschäftigung mit den tiefsinnigen Wissenschaften herausgerückt bin, im Stande seyn werde, mich mehr auf der Bahn zu erhalten, wo die meisten Künstler noch folgen können, weil ich in der That wünsche, daß besonders die Lambertsche Erfindung des **perspektivischen Proportionalzirkels**, da sie so einfach ist, auch den praktischen Nutzen leisten möchte, den sie zu gewähren im Stande ist, und zugleich dem zuletzt erwähnten Mangel in den perspektivischen Anweisungen abzuhelfen, indem ich auch die Regeln, wornach man die erste Anlage der Hauptlinien und Größen, welche das Gemälde bestimmen sollen, entwickeln werde.

Ich hätte dem bisher gesagten nun weiter nichts hinzuzufügen, wenn nicht neuerlich der hohe Curator der Königl. Akademie der Künste, dem ich diesen Entwurf einer Perspektive für die Künstler vorzulegen die gnädige Erlaubniß erhielt, mit Beistimmung der Mitglieder der Akademie und des akademischen Senats den Beschluß genommen hätte, die jungen Künstler in besondern Stunden, nach den Vorschriften dieses Aufsatzes, in der freien Perspektive unterrichten zu lassen. — Unter den Zöglingen der Akademie befinden sich auch angehende Architekten. Ungeachtet es kaum einem Zweifel unterworfen seyn kann, ob die Perspektive dem Baukünstler nützlich sei oder nicht; so finde ich doch in einem unerwarteten Umstande einen Grund, hierüber wenigstens eine einzige Bemerkung hier beizubringen. Um ein Gebäude darnach aufzuführen, braucht man freilich nur Grundrisse, Aufrisse und Profile. Will man aber wissen, ob das vollendete Gebäude aus dem vortheilhaftesten Gesichtspunkte gesehen auch wirklich gut ins Auge fallen werde, oder doch, wie es aus diesem oder jenem Gesichtspunkt auf das Auge wirken werde, so bleibt nichts übrig, als entweder ein Modell davon zu verfertigen, und dieses alsdann in solchen Entfernungen und in einer solchen Höhe des Auges zu betrachten, welche gegen die Größe des Modells sich eben so verhalten, wie diese Größen gegen das vollendete Gebäude selbst sich verhalten werden, oder man muß sich das Gebäude aus den verlang-

ten

ten Gesichtspunkten perspektivisch entwerfen. Letzteres wird denn wohl der leichteste und minder kostbare Weg seyn, der überdem betreten werden muß, wenn es dem Baukünstler darum zu thun wäre, vielleicht gar noch vor der Ausführung den Prospekt seines Gebäudes dem Publiko durch Kupferstiche bekannt zu machen. Ich weiß wohl, daß die Architekten in ihren perspektivischen Darstellungen sich häufig der sogenannten Cavalierperspektive zu bedienen pflegen. Wenn dies nach bestimmten Regeln, in Voraussetzung einer sogenannten unendlichen Entfernung des Auges vom Objekte, das heißt, nach den Regeln der orthographischen Projektion, geschieht; so ist dies wohl an sich so ganz unrecht nicht. Wenn aber doch die Entfernung des Auges, mit den Dimensionen des Gebäudes verglichen, sogar sehr groß nicht ist, z. B. wie wenn man das Brandenburger Thor am Ende der Lindenallee ansieht; so wird doch die Vorstellung, wenn sie so cavalierement gezeichnet wird, der Natur nur sehr wenig gemäß seyn.

Dies mag genug seyn, die Nützlichkeit der Perspektive für den Baukünstler zu zeigen. Das Argument erstreckt sich auf jeden einzelnen Fall, da sich derselbe vor der Ausführung von dem Effekt überzeugen will, den ein einzelnes Baustück, eine Säule oder Reihe von

Säulen, eine Dekoration eines Zimmers, ein durch die Kunst hervorgebrachter Prospekt u. dergl. auf den Zuschauer machen wird; und oft wird bei der perspektivischen Darstellung der Erfinder auf Fehler aufmerksam oder auf Verbesserungen geleitet werden, an welche er bei jenen bloß architektonischen Rissen nicht gedacht hatte.

Und so kann ichs nun dem Kenner überlassen zu bestimmen, ob an dem Unterricht in der Perspektive der architektonische Zögling Theil nehmen solle oder nicht.

Regeln der Perspektive für den Künstler.

Erster Abschnitt.

Vorläufige Betrachtungen, nebst der Bestimmung der Malertafel, nach ihrer Höhe und Breite, wie auch der Horizontal- und Grundlinie des Gemäldes und des Augenpunktes.

§. 1.

Eine gewöhnliche Vorstellung von der Lage, welche die Gegenstände auf der Tafel des Malers haben, und von welcher wir, ihrer Deutlichkeit wegen, auch hier ausgehen wollen, ist folgende.

Wenn man aus irgend einem Standpunkte einen Prospekt zeichnen will, und sich darüber bestimmt

stimmt hat, wie groß das Gemälde (Tableau) werden soll; so kann man die Sache sich folgendermaßen vorstellen. Nachdem man einen festen Punkt gewählt hat, aus welchem das Auge die Gegend jederzeit betrachten soll, wenn man irgend einen in derselben befindlichen Gegenstand in die Zeichnung eintragen will; das ist, nachdem man den Gesichtspunkt zweckmäßig ausgesucht und bestimmt hat (wozu in der Folge die Anleitung vorkommt); so stelle man eine durchsichtige Tafel, welche ein Rechteck ausmacht, in gehöriger Entfernung so, daß sie senkrecht oder vertikal gegen die Horizontalfläche lieget, zwischen dem Auge und der abzubildenden Gegend. Diese durchsichtige Tafel (man kann sie sich von Glas gedenken), muß genau so groß seyn als das Gemälde werden soll. Nun ist offenbar, daß von jedem sichtbaren Punkte oder Theile der Gegend, welcher hinter dieser Tafel liegt, Lichtstralen durch die durchsichtige Tafel ins Auge kommen, und selbige in unzähligen Punkten durchschneiden werden. Wenn man ferner auf der durchsichtigen Tafel jeden solchen Gegenstand an der Stelle, wo sein zugehöriger Lichtstrahl selbige durchschneidet, mit den ihm eignen Farben abbilden könnte, so könnte auch nun die Tafel ihre Durchsichtigkeit verlieren, und man würde noch eben die Vorstellung von der Gegend behalten, die man vorher hatte; kurz, man hätte eine vollkommene perspektivische Abbildung der Gegend aus dem angenommenen Standpunkt.

Eben

Eben dasselbe aber wird man erhalten, wenn man sogleich eine undurchsichtige Tafel, das Brett oder die Leinwand, oder was es nun ist, was man zur Auftragung des Bildes bestimmt, und welches, wie gesagt, eben die Größe, d. i. eben die Breite und eben die Höhe der durchsichtigen Tafel hat, neben sich hinstellet oder hinleget, und nun alle die sichtbaren Punkte und Gegenstände des Prospekts so darauf aufträget, wie sie sich durch die durchsichtige Tafel dem Auge aus dem Gesichtspunkte darstellen. Nämlich man bemerkt aufs genaueste, wie weit jeder Punkt, in welchem ein Lichtstral von einem Objekte auf seinem Wege zum Auge, von den Grenzlinien der durchsichtigen Tafel abstehet; in eben derselben Entfernung von den gleichliegenden Grenzlinien der undurchsichtigen Tafel oder des Tableau trägt man ihn auf. Kann und wird man es mit allen durch die durchsichtige Tafel sichtbaren Punkten so machen; so hat man auf der undurchsichtigen wiederum eine richtige perspektivische Abbildung der Gegend.

Anmerk. Auf diese Vorstellung gründen sich verschiedene Methoden, eine Gegend in einen perspektivischen Riß zu bringen, z. B. man theilt sowohl die durchsichtige als undurchsichtige Tafel nach gleich großen Quadraten ein, und zeichnet nun die Objekte von Quadrat zu Quadrat so auf letzterer ab, wie sie sich, aus einerlei Gesichtspunkt angesehen, in der

der durchsichtigen Tafel dem Auge darstellen; oder man verschiebet an der durchsichtigen Tafel einen horizontalen und einen vertikalen Faden oder Linial so lange, bis sie sich in dem Punkte schneiden, wo der von dem Gegenstande ausgehende Lichtstrahl durch die durchsichtige Tafel geht. Man trägt ihn nun in gleichen Entfernungen von der Grenzlinie auf die undurchsichtige Tafel; — man sieht leicht, daß statt der durchsichtigen Tafel bloß ein mit Fäden zwischen vier Rahmen in Quadrate getheilter Raum, oder gar nur ein in Rahmen eingefaßtes Viereck mit winkelrechten Fäden zum verschieben, dienen können.

Ueberhaupt folgt hieraus so viel: daß das Gemälde, wenn es perspektivisch richtig seyn soll, eine ganz genaue Copie des Anblicks seyn muß, der durch die durchsichtige Tafel sich dem Auge darstellet; und daß also alles, was von der Stelle und Lage der Gegenstände, oder des von ihnen ausgehenden Lichtstrahls, in der durchsichtigen Tafel gilt, auch von dem Gemälde gelten muß.

§. 2.

Wenn man diejenigen Gegenstände betrachtet, die sich an der untern mit dem Horizont parallelen Grenzlinie der durchsichtigen Tafel oder der Grundlinie abbilden, so sieht man, daß dieselben auf der Horizontalfläche, auf welcher unsere Scheitellinie

linie senkrecht steht, von dieser Linie noch um ein merkliches entfernt sind.

Wenn man die durchsichtige Tafel etwas höher jedoch in der Richtung eben derselbigen Vertikalfläche hebet, so wird man gewahr, daß

1) die an der Grundlinie sich zeigenden Gegenstände noch weiter vom Standpunkte entfernt sind, als in der vorigen Lage;

2) daß die Punkte, die sich an den äußern Grenzen der Grundlinie darstellen, weiter von einander abstehen, als im vorigen Fall.

Wenn man beim unverrückten Stande des Auges die durchsichtige Tafel näher an dasselbe bringet; so werden auch die an der Grundlinie derselben oder im Vorgrunde sich zeigenden Gegenstände dem Standpunkte näher seyn, und auch nach den Seiten zu werden sich mehr Objekte durch die Tafel übersehen lassen; das Gegentheil geschiehet, wenn man die Tafel weiter vom Auge entfernet. In diesen Veränderungen nun sowohl, als in der Länge und Breite der Tafel, lieget das willkürliche bei dem ersten Entwurf des Gemäldes. Hat man aber einmal gewählt, so muß man schlechthin die Größe der Tafel nicht vermehren oder vermindern, vielweniger ihren Stand oder den Gesichtspunkt verrücken wollen.

§. 3.

1. F. Wenn M N einen Theil der nach allen Seiten ausgebreiteten Horizontalfläche der Erde, S O die Höhe, in welcher sich das Auge des Zeichners über dem Horizont befindet, also O den Gesichtspunkt vorstellet, wenn ferner w x y z die durchsichtige Tafel bedeutet, und man ziehet auf dieselbe eine senkrechte Linie O p, so heißt p der Augenpunkt.

Zieht man aus dem Gesichtspunkte in der Vertikalfläche, worin derselbe sowohl als der Augenpunkt sich befinden, an den Rand der Tafel hin eine Linie O q, bis sie den Horizont in Q schneidet, und errichtet aus Q ein Perpendikel Q P auf der Horizontalfläche M N, so daß Q P der Höhe des Auges O S gleich ist; so ist offenbar q p in der Tafel das Bild von dem Perpendikel Q P, mithin stellet q p im verkleinerten Maaße die Höhe des Auges über dem Horizont vor.

Dies ist nun der eigentliche Fundamentalmaaßstab der perspektivischen Zeichnung, worauf sich alles übrige hinbringen und darnach bestimmen lassen muß. Gesetzt z. B. der Gesichtspunkt liegt 20 Fuß über der Horizontfläche, so würde die Höhe eines in Q stehenden Baums, der so hoch ist, wie Q P oder O S, durch q p ausgedrückt werden; und der 20ste Theil von q p wäre in der Tafel w x y z für solche auf der Grundlinie stehende Perpendipendikularen ein Fuß zu nennen. Nach eben diesem Maaß kann man auch die horizontalen Entfernungen der an der Grundlinie stehenden Gegenstände bestimmen, und es ist gut und gewöhnlich, um einen Maaßstab zur Hand zu haben, nach diesem Fußmaaß die Grundlinie einzutheilen und die Füße in Zahlen dabei zu schreiben (nämlich auf der undurchsichtigen Tafel, die eine Copie von der durchsichtigen ist).

§. 4.

Es ist zwar nicht schlechthin nothwendig, aber doch gewöhnlich die durchsichtige Tafel sich so zu stellen, daß dieselbe von der Perpendikularlinie durch den Augenpunkt auf die Grundlinie in zwo Hälften zur Rechten und Linken des Auges getheilet wird.

§. 5.

Ziehet man durch den Augenpunkt p eine gleichlaufende Linie t π mit der Grundlinie x y der Tafel, so ist dies die Horizontallinie. Denn durch diese Linie gehen in der durchsichtigen Tafel die Lichtstralen, welche von den äußersten dem Auge noch erreichbaren Punkten der Horizontfläche kommen, worin sich das Auge selbst befindet. Was niedriger als das Auge ist, bildet sich in der durchsichtigen Tafel, also auch im Gemälde, unter dieser Horizontallinie, was höher liegt, über derselben ab.

§. 6.

An sich ist es freilich willkürlich, wo man den Gesichtspunkt nehmen will; man nimmt ihn indessen natürlicherweise am liebsten so an, daß man von dem abzuzeichnenden Prospekt die merkwürdigsten Gegenstände in der vortheilhaftesten Lage gegen einander darstellen könne. Nicht leicht ist die Höhe des Auges über den Horizont geringer als 5 Fuß, als der Höhe eines menschlichen Körpers, der noch nicht unter der Mittelgröße ist. Gemeiniglich pflegt man daher auch die Höhe von 5 bis 6 Fuß zu wählen, wenn man Scenen, so wie sie in einem Zimmer vorgehen, darstellen will. Die Höhe des Auges von 18 bis 30 Fuß wählt man zur Darstellung von Prospekten in den Städten, weil man gewöhnlich aus dem zweiten oder dritten Stockwerk eines Hauses dieselben ansiehet, und auch von da besser als in der untern Etage übersehen kann.

§. 7.

Die auf der Tafel senkrecht stehende Linie Op, welche Gesichts- und Augenpunkt mit einander verbindet, oder die Entfernung des Auges von der Tafel, muß natürlich nicht größer oder kleiner seyn, als erfordert wird, einem guten, nicht zu kurzsichtigen und nicht zu weitsichtigen Auge das darauf verzeichnete grade deutlich genug darzustellen. Denn es sind entfernte Gegenständ

schon

schon an sich dunkel auf dem Gemälde vorgestellt; so wie sie in der Natur selbst sich aus dem angenommenen Gesichtspunkt darstellen. Sie müssen also auch durch zu große Entfernung des Auges von der Tafel nicht noch undeutlicher gemacht werden, welches gewissermaßen auch auf die zu große Nähe zutrift. Die Erfahrung hat die Gränze des deutlichen Sehens zwischen 6 und 18 Zoll höchstens 2 Fuß so ziemlich bestimmt, in sofern nämlich das Auge nicht in hohem Grade kurz- oder weitsichtig ist. Daher wird auch gemeiniglich die Entfernung des Gesichtspunkts innerhalb dieser Gränzen genommen.

Weil O p = q s und q den Punkt Q auf der abzuzeichnenden Grundfläche im Gemälde ausdrückt, so wird auch O p im verkleinerten Maaße die Entfernung des Fußpunkts s (das ist des Punkts, wo eine aus dem Auge auf den Horizont gefällte senkrechte Linie letzteren trift) von den Gegenständen, die hart an der Grundlinie gezeichnet werden müssen, ausdrücken. Man misset sie nämlich nach dem Maaße der Höhe des Auges oder nach p q. Wäre p q = 20 Fuß nach verkleinertem Maaße, und im wahren Maaße 5 Zoll, hingegen O p im wahren Maaße 15 Zoll = 3 p q, so ist O p im verkleinerten Maaße 60 Fuß, das ist, die an der Grundlinie gezeichneten Gegenstände sind solche, die vom Fußpunkte S 60 Fuß abstehen. In keiner größern Deutlichkeit müssen sie also vom

Maler gezeichnet werden, als ein gutes Auge in dieser Entfernung den Gegenstand erkennet, wenn der Maler der Natur treu bleiben will.

§. 8.

Von der angenommenen Entfernung des Auges von der Tafel, oder von O p (in sofern man, wie gewöhnlich, nach §. 4. die Stellung der durchsichtigen Tafel bestimmt) hängt nun auch die wahre Breite, und auch einigermaßen die wahre Höhe des Gemäldes ab.

Das Auge sieht eine Sache nur in dem gehörigen Grade der Deutlichkeit, wenn sie über die Schenkel t o und π o eines rechten Winkels (oder von 90 Grad, dessen Spitze im Stern des Auges befindlich ist) hinauslieget. Nun ist aber in einem solchen Fall nach der Geometrie $t\,\pi = 2$ O p. Das Gemälde kann also nicht breiter seyn als die doppelte Entfernung des Gesichtspunkts von der Tafel. Z. E. wenn O p = 15 Zoll, so kann $t\,\pi$ nicht größer als $2\frac{1}{2}$ Fuß seyn; kleiner kann inzwischen diese Breite sehr wohl sein; und weil doch schon unter den Gegenständen, welche man mit einem Blicke überschauet, diejenigen, welche nahe an den Grenzen des rechten Winkels liegen, etwas undeutlich ausfallen; so pflegt man die Breite des Gemäldes noch wohl etwas kleiner, als die doppelte Entfernung des Gesichtspunkts anzu-

anzunehmen, z. B. im vorigen Falle, von 2 Fuß 2 Zoll, oder überhaupt: man zieht von der doppelten Entfernung des Auges von der Tafel den 8ten bis 7ten Theil ab.

§. 9.

Es scheint nun, als wenn die Höhe des Gemäldes auch nach eben den Regeln zu bestimmen seyn würde. Größer kann sie freilich schlechterdings nicht werden, als die doppelte Entfernung des Auges von der Tafel. Aber wir wissen schon, daß sie gemeiniglich viel geringer zu seyn pfleget, und daß die Entfernung des Augenpunkts (oder gewöhnlich des Mittelpunkts der Horizontallinie) von der Grundlinie viel geringer ist, als dessen Entfernung von der obern Gränzlinie der Tafel. Allein aus den beiden Ursachen,

1) weil die der Axe des Auges O p näher liegende Gegenstände deutlicher gesehen werden, und man, was im Vorgrunde stehet, doch gern deutlich genug sehen will; und

2) weil man gewöhnlich eine ziemliche Menge von Objecten in diesem Vorgrunde aufstellen will; so würde man nach §. 2. die durchsichtige Tafel ziemlich in die Höhe rücken, um diese Absichten zu erreichen. Dies macht denn, daß p q viel kleiner auszufallen pflegt, als die Distanz der obern Gränze von der Horizontlinie.

Es wird am besten seyn, die Entfernung von p bis in eine der obern Ecken, der Distanz O p, gleich zu setzen. Doch kann man auch noch über diese Weite hinausgehen, da die schwebenden Gegenstände der Atmosphäre, welche an dem obern Rande gezeichnet zu werden pflegen, an sich selbst schon so bestimmt nicht sind, und also weniger deutlich erkannt zu werden brauchen. Sollte wohl hieraus und aus §. 8. folgen, und mit der Erfahrung gerechtfertigt werden können, daß Landschaftsgemälde nicht leicht viel über 3 Fuß Breite und $1\frac{1}{2}$ bis 2′ Höhe zu haben pflegen?

§. 10.

Hierdurch habe ich nun, so weit es zu meinem gegenwärtigen Endzweck dienet, die Grundbegriffe der mathematischen Perspektive zu entwickeln und zu erläutern gesucht. Sie hangen nun schon so von einander ab, daß wenn auch zuerst eine und die andre dieser Bestimmungen willkürlich angenommen werden können, alsdann die übrigen sich nach diesen einmal festgesetzten richten müssen, wenn das Landschaftsstück regelmäßig ausfallen soll. Wie nun eins aus dem andern hergeleitet werden muß, ist bereits eine Hauptaufgabe der mathematischen Perspektive, deren Auflösung aber sehr leicht ist, und bloß mit Zirkel und Linial gemacht werden kann, daher ich sie hier gleich vortragen will.

Zweiter

Zweiter Abschnitt.

Herleitung der vier Hauptfundamente einer perspektivischen Zeichnung auseinander.

§. 11.

Nach diesen Vorbereitungen können nun schon manche Aufgaben der mathematischen Perspektive aufgelöset werden. Ich fange mit denjenigen an, welche die zusammenstimmende Wahl der Hauptlinien und Punkte des Gemäldes betreffen, wo, wenn einige willkürlich angenommen oder vorgeschrieben sind, die andern sich daraus müssen herleiten lassen.

§. 12.

Aufgabe. Die Breite und Höhe der Tafel, wie auch die Höhe des Auges über dem Horizont, sowohl in der Natur, als auch nach gewissen Absichten, ihr Bild auf der Tafel, mithin die Lage der Horizontlinie sei gegeben oder vorgeschrieben; die Entfernung des Gesichtspunkts von der Tafel, und die wahre Länge der Linie zu finden, welche durch die Grundlinie der Tafel vorgestellt wird.

Auflösung. Man habe sich z. B. bestimmt, das Gemälde 2 Fuß 6 Zoll breit und 16 Zoll hoch zu machen, und die Höhe des Auges über den Horizont solle 20 Fuß betragen; so kann nun freilich die Entfernung der Horizontal von der Grundlinie auf dem Gemälde noch kleiner oder größer werden, wornach sich alsdann die Verjüngung der Figuren richten wird. Doch hat man auch oft bestimmte Gründe, z. E. ein an der Fundamentallinie stehender erwachsener Mensch soll etwa 1 Zoll hoch werden. Man setze die Mittelhöhe 5 Fuß, so ist jene Entfernung von 20 Fuß durch 4 Zoll auszudrücken, und so weit muß auch die Horizontlinie von der Grundlinie abstehen. Die äußersten Gegenstände an der Grundlinie müssen also in der Natur, weil 1 Zoll 5 Fuß ausdrückt, 150 Fuß von einander abstehen. Endlich ist die Entfernung des Gesichtspunkts oder des Auges von der Tafel etwas mehr als die Hälfte von der Breite; hier also etwa 17 Zoll anzunehmen. Da nun 1 Zoll 5 Fuß ausdrückt, so können an der Fundamentallinie der Tafel nur die Gegenstände vorgestellet werden, die von einer durch den Fußpunkt mit der Tafel parallel gezogenen Linie 5 mal 17, d. i. 85 Fuß entfernt sind.

§. 13.

Aufgabe. Um gewisse merkwürdige Gegenstände einer Landschaft nahe an der Grundlinie auf das Gemälde zu bringen, sei, außer der Breite und Höhe der Tafel, die Distanz vorgeschrieben, welche im verjüngten Maaße durch die

die Grundlinie ausgedrückt werden muß, wie auch die wirkliche Höhe des Auges. Man soll diese Höhe auf der Tafel, und die Entfernung des Gesichtspunkts von der Tafel finden.

Auflösung. Es sei z. B. ein Baum und ein Haus so weit von einander entfernt, daß wenn sie vorne auf dem Gemälde, das 2 Fuß 6 Zoll oder 30 Zoll breit ist, vorgestellt werden sollen, die Grundlinie 210 Fuß in verjüngtem Maaße ausdrücken muß, so bedeutet 1 Zoll 7 Fuß. Daher ist der Augenpunkt oder die Entfernung der Horizontallinie (wenn die Höhe des Auges abermals 20 Fuß seyn soll) nur $2\frac{6}{7}$ Zoll von der Grundlinie anzunehmen, und die Gegenstände an der Grundlinie sind bei einer 17 Zoll langen Entfernung des Auges von der Tafel, von der durch den Fußpunkt parallel mit der Tafel gezogenen Linie 7 mal 17, d. i. 119 Fuß entfernt.

§. 14.

Es würde überflüßig seyn, nun noch eben so umständlich zeigen zu wollen, wie, wenn die Entfernung des Gesichtspunktes und eine und die andere Bestimmung angenommen worden, die Höhe des Auges aus diesen Umständen hergeleitet werden könne. Bei letzterer wird es dann doch wohl immer darauf ankommen, wie groß man die gemeiniglich an der Grundlinie oder nicht weit von derselben

ben stehenden Figuren gerne vorstellen will, damit sie dem Auge in der abgezielten Deutlichkeit erscheinen.

§. 15.

Eben diese Auflösungen geben nun auch schon eine Regel, wie man bei Betrachtung eines Prospekts den eigentlichen Gesichtspunkt, woraus man ihn betrachten muß, ausfinden solle, vorausgesetzt, daß der Künstler richtig verfahren sey; das heißt, so daß alles in seinem Gemälde auf einen Gesichts- und Augenpunkt und auf einerlei Horizont sich beziehe. Erstlich suchet man die Horizontallinie, die sich leicht finden läßt, wofern sie nicht durch Gebirge und Wälder versteckt ist, wenn auch nur in einer kleinen Strecke das Gemälde in einer Wasserfläche oder sonst in eine horizontale Erdfläche ausläuft. Mitten auf der gefundenen Horizontallinie nimmt man den Augenpunkt an, und stellet sich nun so gegen die abgebildeten Prospekte, daß das Auge um wenig mehr als die halbe Breite der Tafel von derselben entfernt, die gerade Linie aber, aus der Mitte des Auges auf die Tafel gezogen, auf selbiger senkrecht ist. Mich dünkt, daß alles, was sich hiergegen einwenden läßt, durch die Frage beantwortet wird: wo willst du denn eigentlich, daß ich mich hinstellen soll, um dein Gemälde aus dem rechten Gesichtspunkt zu betrachten? Uebrigens sieht man auch schon hieraus, wie regelmäßige Landschaftsgemälde oder in

Kupfer

Kupfer gestochene Prospekte aufgestellt oder aufgehangen werden müssen, um ihrer Würkung nicht zu verfehlen; nämlich 5 bis 6 Fuß über den Fußboden.

Dritter Abschnitt.

Beschreibung des perspektivischen Proportionalzirkels.

§. 16.

Nachdem eine solche Vorbereitung gemacht ist, so kommt es nunmehr auf das Eintragen der einzelnen Theile, nach ihrer Lage gegen den Gesichtspunkt und ihrer Entfernung von demselben, und von der Grundlinie an. Bei diesem Geschäfte finde ich nun den von Herrn Lambert angegebenen Proportionalzirkel besonders vortheilhaft, den ich daher kürzlich beschreiben will.

Hierbei setze ich voraus, daß man den Proportionalzirkel selbst wirklich vor Augen habe. Bei obgedachter Abhandlung des Herrn Lambert sind dessen beide Seiten so wie hier auf der letztern Kupfertafel vorgestellt. Man kann sie sich auf Holz ziehen, und mit einem Gewinde, wie der Kreisbogen anweiset, versehen lassen, so daß sich das Instrument in der Mitte von einander sperren läßt. Genauer wird

wird das Instrument hier beim Herrn Ring sowohl über Holz gezogen, als auch auf Begehren in Messing geliefert. Ich rathe es wenigstens so groß zu bestellen, daß wenn beide Schenkel unter einem rechten Winkel aufgesperrt, die Entfernung ihrer Endpunkte 2 bis 3 Fuß betragen, damit es bei Landschaftsgemälden, die doch gemeiniglich nicht über 3 Fuß breit sind, noch völlig brauchbar sei. Man sieht leicht, daß man aus eben dem Grunde mit einem zu dieser Sperrung bequemen, also schon etwas großen Handzirkel versehen seyn muß. Doch werde ich in der Folge Methoden angeben, wie man auch mehrentheils mit einem kleinern Proportional- und Handzirkel sich aushelfen kann.

Auf der einen Seite des Instruments stehen mehrentheils solche Linien auf beiden Schenkeln, und aus dem Mittelpunkt, um welchen sich die Schenkel drehen, verzeichnet, auch auf eben die Art eingetheilt, als man auf dem gewöhnlichen längst bekannten geometrischen Proportionalzirkel, den Galiläus erfunden haben soll, zu finden pfleget; daher dies auch die geometrische Seite heißt. Die erste oder äußerste ist die arithmetische Linie (Lin. Arith.) in 400 gleiche Theile eingetheilt. Sie wird uns unter andern dienen, die mit den Seiten der Tafel gleichlaufenden Längen, d. i. die Höhe und Breite der Objekte in den Riß gehörig einzutragen. Man sieht leicht, daß

wenn

wenn man das Instrument öfnet, die Distanzen der gleichnamigen Punkte auf beiden Schenkeln sich immer so zu einander verhalten werden, wie die dabeistehenden Zahlen; worauf sich, wie die Folge zeigen wird, das ganze Verfahren gründet.

Die darauf folgenden Linien zeigen die Tangenten eines Kreises an, dessen Durchmesser so groß ist, als die ganze Linie, vom Mittelpunkt bis an den Rand. Hier läßt sich nicht erst erklären, was sowohl diese als die Sekanten und Sinus eigentlich in der Geometrie und Trigonometrie bedeuten; wer es weiß, dem ist auch bekannt, daß sie sich bei verschiedenen Kreisen, wie die Halbmesser oder Durchmesser derselben, verhalten, weshalb man denn von allen den Kreisen die Tangenten bis auf 60 Grad und darüber auf dem Proportionalzirkel nehmen kann, deren Halbmesser nicht größer sind als der Abstand der Zahlen 45 auf der Tangentenlinie, wenn das Instrument die gröste Eröfnung hat. Doch es ist hier genug anzuzeigen, daß wir diese Linien des Instruments in der Folge brauchen werden, um auf der Horizontallinie diejenigen Punkte auszufinden, in welchen die Schenkel der perspektivisch aufzutragenden Winkel auslaufen müssen. Denn man weiß wohl, daß z. B. ein rechter Winkel in der Natur auf einem Landschaftsgemälde ganz anders (wenn er nämlich nicht in der Scheitelfläche des Auges liegt), nämlich als ein schiefer Winkel erscheint.

Aehn-

Aehnliche und auch andre Anwendungen lassen sich, wie die Folge lehren wird, von den Sekanten und Sinuslinien machen. Hier will ich mich dabei nicht aufhalten, weil wir in der That fast nur die Tangentenlinie gebrauchen werden.

Die innere Linien heißen die elliptischen darum, weil sie dazu dienen sollen, diejenige elliptische (oder eyrunde) Figur richtig zu bestimmen, welche fast immer eine in der Natur vorkommende Kreisfläche, nach ihrer Lage gegen das Auge, auf dem Landschaftsgemälde bekommen muß.

§. 17.

Noch größere Vortheile, als die oben sogenannte geometrische Seite des Proportionalzirkels, gewährt dem Zeichner die andere eigentlich der Perspektive ganz gewidmete Seite, die daher auch die perspektivische Seite genannt zu werden verdienet. Sie ist dazu bestimmt, mit Genauigkeit und mit mathematisch richtigem Verfahren den Linien, Entfernungen und Seiten der Figuren, die vom Gesichtspunkt ab nach allen Richtungen sich gegen den Horizont hinausziehen, die ihrem Abstande gemäße mindere oder mehrere Vertiefung zu geben. Es würde überflüßig seyn, hier schon vieles von ihnen zu erwähnen, da ihre Theorie, nach meiner Absicht, hier nicht entwickelt werden darf, und die Anwendung in der Folge mit aller nur möglichen Deutlichkeit dem Künstler gezeigt wer-

den

den soll. So viel sieht man, daß fünf Paar Linien in dem Mittelpunkt zusammenlaufen, am äussersten Ende mit 10, 8, 6, 4, 2 bezeichnet; übrigens auf jeder Linie die beigeschriebenen Zahlen größer werden, so, als sie sich dem Mittelpunkt nähern; hinwiederum ist eine doppelt größere Zahl auch dem Mittelpunkt doppelt näher, eine dreifach größere ist ihm dreifach näher u. s. w. Daß fünf Paar Linien da sind, und daß durch die Eröfnung des Proportionalzirkels in noch unendlich mehr Verhältnissen als durch diese fünf Paar ausgedrückt werden, nach der jedesmaligen Natur des Gemäldes und der einzutheilenden Linien, durch diese Scalen die Vertiefung der in die Ferne treibenden Gegenstände kann erhalten werden, wird sich in der Folge von selbst zeigen.

Vierter Abschnitt.

Endzweck der folgenden Anweisungen. Perspektivisches Auftragen solcher Längen, die mit den Seiten der Tafel parallel sind, oder die perspektivische Verkürzung.

§. 18.

Ehe ich weiter zur Anwendung des eben beschriebenen Instruments fortgehe, muß ich über die

Absicht,

Absicht, welche mir den Wunsch einflößet, seinen Gebrauch bekannter zu machen, noch einiges bemerken.

Nach dem, was bereits in der Einleitung gesagt worden, wollte ich gar nicht gern, daß sich der perspektivische Zeichner eben Fesseln anlegen sollte. Ist er sich so sicher, so mache er immer von seinem so festen Augenmaaße Gebrauch. Nur in jedem Falle, wo er manchmal selbst zweifelhaft wird, ob er auch wohl die rechten Maaße wählen werde oder gewählt habe, möchte ich ihm gern eine sichere Anleitung geben, sich von unbehaglichen Zweifeln zu befreien, oder sein und anderer Werk zu prüfen. Und dazu scheinet mir grade das beschriebene Instrument von vorzüglichem Nutzen zu seyn, indem mittelst desselben jeder Punkt, jede Linie, jeder Winkel und jede Figur, ganz für sich gehörig, in den Riß gebracht werden kann.

Nun ist für den perspektivischen Zeichner einer Landschaft oder auch wohl eines historischen Gemäldes noch der doppelte Fall: entweder will er wirklich genau nach der Natur zeichnen, oder er setzt aus seiner Idee eine Landschaft zusammen; selbst im letztern Falle, wenn er sich gewissermaßen ganz freiwillig die Punkte wählen kann, wo er seine Figuren auf dem Gemälde hinstellen will, kommt es doch darauf an, dem einmal festgestellten Maaßstabe, oder der nach §. 11. 12. 13. bestimmten Einrichtung der Tafel und ihrer eignen

Natur

Natur gemäß ihre Größe darzustellen, z. B. einem Hause von 2 Stockwerke nicht 10 Fuß, oder einem Menschen nicht 9 Fuß Höhe zu geben, Linien, die einen rechten Winkel machen sollen, nicht perspektivisch so darzustellen, daß ihre Lage spitzwinklicht wird u. s. w.

Soll nach der Natur gezeichnet werden, so ist alles noch mehr beschränkt, und eigentlich sollte die wirkliche Entfernung jedes Punkts von der Grundlinie oder dem Gesichtspunkte des Malers die wahren Höhen und Längen u. s. w. genau bestimmt seyn; welches an sich eine geometrische Ausmessung des ganzen Landschaftsstücks voraus zu setzen scheinet.

Hält man es wirklich für nöthig, so giebt die Geometrie dazu Anleitung, und man muß es entweder selbst oder durch andre machen lassen.

Aber ich gestehe, daß ich selbst glaube, es komme nur auf die Hauptgegenstände, besonders diejenigen an, die etwas regelmäßiges haben, und von der Grundlinie nicht zu weit entfert sind; das übrige kann man dem Augenmaaße dann wohl überlaßen, welches auch sehr dadurch unterstützt werden wird, wenn es nur die Ausfüllungen zwischen den Hauptgegenständen zu machen nöthig hat.

In der Folge werde ich noch, wo es die Gelegenheit giebt, die möglichst leichtesten Methoden zeigen, wie der Künstler selbst der Hauptobjekte,

Entfernung von der Grundlinie und ihre Höhe über dem Horizont bestimmen kann. Jetzt will ich, um mehrerer Deutlichkeit willen, immer voraussetzen, er wisse sie schon, und es komme nur darauf an, sie perspektivisch aufzutragen.

§. 19.

2. F. Aufgabe. Die Horizontallinie K R und Grundlinie S L sind gezogen, und die Höhe des Auges P Q ist bestimmt, man soll aus einem auf der Tafel gegebenen Punkte eine bestimmte Höhe oder auch eine mit der Horizontlinie parallele Länge perspektivisch verzeichnen.

Auflösung. Die Höhe des Auges oder P Q sei 40 Fuß oder 80 halbe oder 160 Viertelfuß. Nun seyn 1) in der Grundlinie die Punkte A, B und C gegeben. Aus A soll die Höhe eines Menschen von $5\frac{1}{4}$ Fuß, aus B die Höhe einer Säule von 50 Fuß, aus C nach S hin die Länge von 12 Fuß aufgetragen werden.

Man nimmt P Q zwischen die Spitzen eines Handzirkels, und sperret den Proportionalzirkel so weit auf, daß des Handzirkels Spitzen auf die Punkte 160 der arithmetischen Linie passen; auf A wird also die Distanz zwischen den Punkten 4 mal $5\frac{1}{4}$ oder 21 auf B zwischen den Punkten 4 mal 50 oder 200, und aus C nach S zu die Distanz

Distanz zwischen 4 mal 12 oder 48 aufgetragen werden. Es ist noch zu bemerken, daß weil 21 noch im Bezirk des Gewindes liegt man 42 annehmen und es halbiren kann.

Es seyn 2) die Punkte a, b, c in andern von der Grundlinie entfernten Stellen gegeben; so bringe man a e, b d, c f zwischen die Punkte 160 der arithmetischen Linie, und nehme hinwiederum a g = 21, b h = 200, c i = 48. Daß hiernach auch in der Luft schwebende Gegenstände nach einer bestimmten Höhe gezeichnet werden können, sieht man leicht. Z. B. Ueber U soll ein Luftball von 60 Fuß Durchmesser 300 Fuß hoch schweben. Man trägt U X = 40 auf den Arithm. Linien, und nimmt U Z = 300, m p = 60 bei eben der Eröfnung des Instruments; so ist das Verlangte geschehen.

Wenn man in einem Gemälde Gegenstände gezeichnet findet von bekannter Höhe oder Länge; so kann man daraus und aus ihrem Abstande von der Horizontallinie nun die Höhe des Auges wenigstens beiläufig genau finden. Z. B. Ein erwachsener Mensch steht aufgerichtet da; muß also 5 bis 6 Fuß angenommen werden. Vom Fußpunkt also seine Länge, so oft es angeht, bis an die Horizontallinie übergeschlagen, giebt die Höhe des Auges; auch reguläre Gebäude geben dieselben öfters an. Steht nun an einer andern Stelle, der Horizontallinie, auch ein Mensch oder ein ähnliches

Gebäude an sich kleiner oder größer als die vorigen gezeichnet; so muß dessen Höhe eben so oft in seiner Entfernung von der Horizontallinie oder einer mit derselben parallelen Linie enthalten seyn, wie im ersten Fall, wenn perspektivisch richtig gezeichnet ist.

Fünfter Abschnitt.

Perspektivisches Auftragen der Parallellinien und der Winkel.

§. 20.

Wenn man in der Natur solche Objekte betrachtet, die in geraden mit einander geometrisch parallelen Linien fortlaufen, z. B. eine Allee von Bäumen, die Gränzlinie der Seiten eines regulären Gebäudes, die Fenster an selbigem, zwei Reihen Gebäude in einer langen geraden Straße u. dergl. so wird man bald gewahr, daß sich Parallellinien dem Auge so darstellen, als wenn sie sich in der Entfernung immer mehr näherten; und wenn sie sich weit genug ausdehnen, so laufen sie dem Schein nach so gar in einen Punkt der äußersten Gesichtsgränze oder des Horizonts zusammen. Dies kömmt davon her, weil der Winkel, den die nach zwei entgegengesetzten Punkten solcher Parallelen aus

aus dem Auge gezogenen Linien machen, immer kleiner wird, je entfernter die beiden Punkte sind, und bei recht großer Entfernung wird ein solcher Winkel unmerklich klein.

Diese Erscheinung würde sich auf eben die Art auf der oben beschriebenen durchsichtigen Tafel darstellen, wie die Natur sie hervorbringet, und so muß sie also auch im Gemälde ausgedrückt werden. Dies giebt zwei für die perspektivische Zeichnung sehr wichtige Maximen.

1) Alle Parallellinien in der Natur (sie mögen nun auf der Grundfläche oder außer derselben liegen) laufen dem perspektivischen Schein nach in einen Punkt der Gesichtsgränze zusammen, d. i. sie müssen im Gemälde so gezeichnet werden, daß wenigstens, wenn sie verlängert würden, sie die Horizontallinie in einerlei Punkt treffen würden. Die Linien E T, e g und c h in 8. F.
der 8. Figur dienen zum Beispiel.

2) Alle gerade Linien, welche auf die Fläche der Tafel (entweder in der Grundlinie, oder einem andern Punkte) geometrisch senkrecht, also auch parallel sind, müssen perspektivisch gezeichnet in den Augenpunkt gehen.

Wenn man sich am Eingange einer langen Allee stellet, die Reihen der Bäume mögen so weit ausein-

 ander

ander seyn, als sie wollen, so wird man dies gewahr werden. In der 8ten Figur geben übrigens die Linie A B C, m n an dem Graben das Beispiel.

§. 21.

3. F. Aufgabe. Auf der Tafel sei eine gerade Linie ad gegeben, man soll durch einen gleichfalls gegebenen Punkt c eine Linie ziehen, so daß sie mit ad perspektivisch parallel sei.

Auflösung. Man legt das Linial an ad, und bemerket den Punkt r, wo diese Linie die Horizontallinie treffen werde. Zieht man eine Linie durch c und r, so ist sie mit ad perspektivisch parallel.

§. 22.

Findet man daher auf einem Gemälde zwei Paar Linien, die ihrer Natur nach parallel seyn müssen; so läßt sich dadurch, daß man sie so weit verlängert, bis sie sich in einem Punkte schneiden, die Horizontallinie finden, worauf der Zeichner alles bezogen hat, oder doch beziehen muste. Sie geht nämlich durch beide Durchschnittspunkte der verlängerten perspektivischen Parallellinien. In sofern die Horizontallinie mit der Grundlinie der Tafel parallel seyn muß, ist auch schon ein paar perspektivisch parallele Linien hinreichend sie zu bestimmen. Nämlich durch den Punkt, worin sie sich schneiden, zieht man eine Linie mit der Grundlinie parallel, welches die Horizontallinie ist.

Eben

Eben so giebt eine Linie, die in der Natur auf der Tafel senkrecht seyn würde, wenn sie richtig auf der Tafel ausgedruckt ist, bis an die bereits bekannte Horizontallinie ausgezogen, den Augenpunkt des Gemäldes. Oder wenn die Horizontallinie nicht bekannt ist, so giebt der Durchschnittspunkt zweier solcher Linien den festen Augenpunkt der Zeichnung; und eine durch diesen Augenpunkt mit der Grundlinie parallel gezogene Linie muß dann eigentlich die Horizontallinie seyn.

Dies giebt dann eine leichte Methode, manches in dem Gemälde zu prüfen, indem man nun auch bald die Höhe des Auges mit ziemlicher Genauigkeit bestimmen, mithin wird finden können, ob die Größen oder die Dimensionen anders woher bekannter Figuren richtig aufgetragen worden.

Ich gebe zwar zu, daß bei dem Geübten in Fällen solcher Art auch das Augenmaaß öfters das Urtheil bestimmt, aber ich habe doch öfters gefunden, daß verschiedene Personen bei solcher Gelegenheit auch verschiedener Meinung waren und blieben, weil keiner den andern nach Gründen überzeugen konnte, sondern beide sich auf ihr Augenmaaß zu gleichen Rechten beriefen. Andern Theils kann entweder der Künstler durch Anwendung dieser Grundregeln unbefugten Tadel widerlegen, oder der Kenner und Kritiker dem Künstler überzeugend darthun, wo er gefehlt hat; überhaupt aber jeder sich selbst Rechenschaft geben, wenn ein dunkles

Gefühl ihm sagt, daß hier irgendwo ein Fehler, eine widrige Disharmonie in dem Kunstwerke stecke.

§. 23.

Nun kommt es ferner darauf an, gewissen Linien in dem Gemälde die ihnen zukommende Lage gegen die Grundlinie der Tafel x y zu geben, als womit sie bald einen kleinern bald einen größern Winkel machen. Z. B. Die eigne Grundlinie eines Hauses soll mit der Grundlinie der Tafel einen Winkel von 90° oder 50° u. dergl. machen. Ich nehme an, daß es gleichfalls vorgeschrieben
3.F. ist, in was für einer Entfernung von der durch den Augenpunkt p auf die Grundlinie der Tafel gezogenen Perpendikularlinie p q, die vorgegebene Linie die Grundlinie x y schneiden solle.

Diese Aufgabe läßt sich ganz mit dem Proportionalzirkel auflösen. Wir wollen ein Beispiel geben, aus dessen specieller Auflösung das allgemeine Verfahren hervorgehen wird.

Es soll in der Entfernung von 1 Ruthe oder 12 Fußen von dem Perpendikel p q eine Linie (z. B. die Gränzlinie der Vorderseite eines Hauses) an der Grundlinie so gelegt werden, daß sie einen Winkel von 55° mit der Grundlinie x y macht.

1) Es sei p q die Höhe des Auges bekannt, z. B. 20 Fuß; so setzt man auf dem eröfneten Proportionalzirkel diese 20 Fuß zwischen zwei

zwei passende Zahlen der Lin. Arith. (z. B. 200) und nimmt alsdann die Distanz 12 zwischen zwei andre dazu passende Zahlen (z. B. 120) vom Instrument ab, und trägt sie von q links auf der Fundamentallinie nach g.

2) Die wirkliche Distanz des Auges von der Tafel (z. B. die halbe Breite des Gemäldes vermehrt um $\frac{1}{8}$ oder $\frac{1}{7}$) fasset man zwischen dem Handzirkel, und eröfnet den Proportionalzirkel so weit, daß sie auf die Punkte 45 der Linie passet, die mit Tang bezeichnet ist.

3) Die Zahl des vorgeschriebenen Winkels, hier 55, ziehet man von 90 ab; das giebt hier 35.

4) Man faßt die Punkte 35 der Tangentenlinie zwischen dem Handzirkel, und trägt sie aus dem Augenpunkt p rechts auf die Horizontallinie nach S, und zieht

5) die gerade Linie g S so weit aus, als man nöthig findet; so hat man eine Linie, die in der gehörigen Seitenentfernung mit der Grundlinie einen Winkel von 55° macht.

Anmerk. Wäre die Distanz des Auges z. B. 17 Zoll, und der Proportional- oder Handzirkel wäre für diese Größe zu klein; so kann man $\frac{1}{2}$ $\frac{1}{3}$ oder $\frac{1}{4}$ von 17 annehmen, z. B. nur $4\frac{1}{4}$ Zoll, und sie zwischen die 45 passen. Nur muß man die Entfernung der Punkte 35 jetzt 2, 3 oder 4mal (in unserm Fall 4mal) von p nach S tragen (das Verfahren ist mathematisch richtig, wenn ich gleich den Beweis nicht führe).

Diese Operation ist, wenn man die Methode einmal gefaßt hat, gewiß in kürzerer Zeit auszuführen, als sich hier die Anweisung lesen läßt, und verschaft dem Landschaftsmaler die größte Geschmeidigkeit in Darstellung der Gegenstände, die seiner Absicht nach vorzüglich ins Auge fallen sollen; z. B. wenn eine Reihe Gebäude, der Abhang eines gerade laufenden Bergrückens, vorzüglich ins Auge fallen sollen; so muß schon ein etwas spitzer Winkel mit der Grundlinie gewählt werden, zumal wenn der Durchschnitt ihrer Direktion mit derselben nicht weit aus der Mitte des Gemäldes gerückt werden soll. Selbst hiernach muß man nun die Anlage des Gemäldes machen, wenn der Abstand des Auges gegeben ist.

Da nach No. 3., wenn der Winkel der aufzutragenden Linie mit der Grundlinie ein rechter seyn sollte, 90° von 90° abgezogen werden müßten; so sieht man, daß das wieder herauskommt, was §. 18. No. 2. bemerkt war; nämlich S trift mit p oder mit dem Augenpunkt zusammen.

Daraus ergiebt sich nun auch, daß wenn ein perspektivischer Winkel von mehr als 90° aufgetragen werden soll, z. B. von 100° man noch die Diffe-

Differenz von 90° auf der Seite von p q, wo die Linie die Grundlinie schneidet, z. B. 10° hinzunehmen müsse, wie es in Fig. 3. mit g v gemacht ist. Denn von 90 kann ich 100 nicht abziehen, ich nehme daher den Ueberschuß 10, aber auf der Seite von p, welcher derjenigen entgegengesetzt ist, wo ich es nehmen würde, wenn ein Abzug anginge, z. B. 90 — 80 = 10 wäre.

Daß man nach der angewiesenen Methode sich vorläufig die Horizontallinie, zu beiden Seiten des Augenpunkts, z. B. von 5 zu 5 Graden eintheilen könne, um darnach in mehreren Fällen sogleich die perspektivische Winkel aufzutragen, ergiebt sich von selbst. Nur würde ich dann rathen, um sich nicht zu versehen, über p 90, und so an beiden Seiten bei den Theilungspunkten 85, 80, 75 u. s. w. zu schreiben. Soll alsdann z. B. eine Linie unter einem perspektivischen Winkel von 50° aufgetragen werden; so zieht man von dem Punkte, wo er sich an die Grundlinien anlegen soll, nach dem mit 50 bezeichneten Punkte.

§. 24.

Aufgabe. In einer gegebenen Entfernung von der Mitte der Tafel, oder von p q, soll ein Dreieck perspektivisch gezeichnet werden, dessen Grundlinie und beide Winkel an der Grundlinie vorgeschrieben sind (die Grundlinie des zu zeichnenden Dreiecks soll in der Grundlinie des Gemäldes liegen). 4. F.

Z. B.

z. B. Es soll, von p q 10 Fuß entfernt, seine Grundlinie 25 Fuß, der Winkel α h g 55°, α g h 100° betragen.

Auflösung. Die Auflösung läßt sich ganz nach dem vorigen Paragraphen machen, indem man von q aus die Größen von 10 und 10 + 25 = 35 nach h und g aus den arithmetischen Linien des Proportionalzirkels aufträget, übrigens 90 — 55 = 35 und 100 — 90 = 10 von der Tangentenlinie des gehörig eröfneten Proportionalzirkels von p nach u und v abträgt, und alsdann die Linien h u und g v ziehet, die sich in α schneiden.

§. 25.

Aufgabe. Einen jeden Winkel von einer gegebenen Anzahl Grade perspektivisch zu zeichnen.

Auflösung. Die Aufgabe kann nichts anders bedeuten, als daß eine Linie auf der Tafel und in derselben ein Punkt, entweder willkürlich angenommen werden kann oder gegeben ist. Es sei z. B. α γ diese Linie oder dieser schon bestimmte Schenkel des Winkels; an α, als der Winkelspitze, soll links ein Winkel von 25° gelegt werden; so ist mit dem Instrument die Auflösung diese.

1) Das Instrument wird gestellt, wie die Auflösung §. 23. No. 2. angiebt.

2) Man

2) Man sucht den Punkt in der Horizontallinie, wo sie von der verlängerten Linie $\alpha\,\gamma$ geschnitten wird; hier v. 4. F.

3) Man nimmt den Abstand des Augenpunkts von diesem Durchschnittspunkt, hier p v, zwischen die Zirkelspitzen, und sucht die beiden übereinstimmenden Punkte der Tangentenlinien des Instruments, zwischen welche dieser Abstand paßt; hier sind es die Punkte 10, 10.

4) Man addirt zu der so gefundenen Zahl die vorgeschriebene Gradzahl des Winkels, hier 25, wodurch man hier 35 erhält.

5) Man nimmt vom Instrument den Abstand der Zahlen 35 auf der Tangentenlinie, und trägt sie von dem Augenpunkt p links nach u.

6) Man zieht die Linie α u, so ist u $\alpha\,\gamma$ der begehrte Winkel, hier 25°.

Anmerk. Hätte man das Instrument, wie bei der nach §. 23. folgenden Anmerkung, auf $\frac{1}{2}$, $\frac{1}{3}$, $\frac{1}{4}$ der Distanz des Auges gestellt, so würde man bei 3 auch nur den 2ten 3ten 4ten Theil von p u nehmen, und auf solche Art diejenige Zahl finden können, zu welcher man die Grade des vorgeschriebenen Winkels addiren müste. Was man nun nach 5) findet, z. B. 35, dessen doppeltes, dreifaches, vierfaches trägt man nun auch von q nach u.

Nur

Nur der Deutlichkeit wegen, die zum ersten Unterricht erfordert wird, ist diese Anweisung so weitläuftig. Die Operation ist es in der That nicht.

Sie würde freilich noch in dem speciellen Fall abgekürzt, wenn man sich die Zahlen für die Tangenten, nach der Anweisung am Ende des §. 23., auf die Horizontallinie aufgetragen hätte. Im Exempel würde u auf 10 zutreffen, 25 addirt, 35 geben, und so dürfte man nach dem Punkt 35 der Skale nur die Linie α u ziehen, um den begehrten Winkel u α γ zu bekommen.

Ich gestehe zu, daß diese Anweisung sich eigentlich nur auf die Fälle einschränkt, wo der gegebene Schenkel α γ die Horizontallinie trift, und die Summe der für p v gefundenen Zahl mit der Anzahl der begehrten Grade zusammen nicht über 63 ausmacht, als so weit die Zahlen auf den Tangentenlinien des Instruments nur reichen. Doch sind noch zweierlei leichte Wege, die Anweisung etwas weiter auszudehnen.

1) Wenn z. B. an dem Schenkel a g, der nach der Grundlinie zuläuft, aus α rechts ein Winkel von 25° gelegt werden soll; so zieht man g α doch nach v, und macht, wie vorher, u α γ perspektivisch 25°, zieht u α nach h, so ist doch g α h auch 25°, weil auch die perspektivische Vertikalwinkel gleich seyn müssen.

2) Wenn

2) Wenn etwa rechts an $\alpha\gamma$ ein stumpfer Winkel von 155 gelegt werden soll; so darf man nur eben, wie bei der Auflösung, den spitzen Winkel 180 — 155, oder 25° links an $\alpha\gamma$ legen und u α verlängern; so ist v α h, als der Ergänzungswinkel, zu 180° gleich 155°.

Regeln, sich in solchen Fällen zu helfen, wo die gegebenen Schenkel die Horizontallinie auf der Tafel nicht schneiden, findet man in der Perspektive des 2ten Theils meines Lehrbuchs §. 14. Sie sind nur hier zu weitläuftig, und der Künstler möchte sie nicht oft brauchen. Ueberhaupt wird er schon zufrieden seyn, wenn er sich nur in den meisten Fällen helfen kann.

Sechster Abschnitt.

Auflösung der Aufgabe, einem jeden Punkt auf (und über) der Horizontfläche seinen perspektivischen Ort so anzuweisen, wie es sein geometrischer Ort verlangt.

§. 26.

Die Aufgabe, welche hier aufgestellt wird, begreift gewissermaßen in ihrer Allgemeinheit (wenn ich die eingeschloßnen Worte mitnehme) die ganze Per-

Perspektive in sich. Auch nehmen die Lehrer selbst der freien Perspektive gewöhnlich den geometrischen Ort als bekannt an; gerade als wenn der Maler sogleich von der Gegend, die er zeichnen will, einen Grundriß hätte, oder sonst unmittelbar erfahren könnte, wie weit dieses oder jenes Objekt von der Grundlinie entfernt sei. Da dies aber selten der Fall ist, und der Maler gemeiniglich nichts als sein Augenmaaß hat, wenn er eine Gegend, die er zeichnen will, betrachtet; so sind in sofern die bestimmten Regeln der Perspektive von keinem Gebrauch für ihn, weil dabei die bestimmte geometrische Lage und Entfernung zum Grunde liegt. Um deswillen will ich jetzt, da wir zu der ganz allgemeinen Auflösung der Perspektive kommen, welche durch das vorige gleichsam nur vorbereitet worden, auch einige leichte Methoden zeigen, wie man die geometrische Lage und Entfernung eines beliebigen Punkts der Horizontfläche findet; ohne etwas weiter als Winkel und eine gerade Linie beiläufig ausmessen zu dürfen. Ein gemeines Astrolabium, welches die Winkel bis auf halbe Grade giebt, und eine Meßkette oder bloße Schritte sind dazu hinreichend. Das Gemessene kann auch nach den folgenden Regeln sofort perspektivisch in den Riß eingetragen werden, ohne erst einen Grundriß zu entwerfen.

§. 27.

Aufgabe. Einen jeden Punkt oder Ob-
4. F. jekt, welches man aus zwei Punkten der Grund-

Grundlinie sehen kann, seine gehörige Stelle auf der Tafel anzuweisen.

Auflösung. Man stellet sich mit dem Astrolabium an zwei Punkten der Grundlinie, und misset die Winkel A G H und A H G, indem man nach dem Objekte A hin visiret. Nach der Auflösung des 24. §. trägt man das dem Dreieck H A G korrespondirende perspektivische Dreieck h α g auf die Tafel, oder vielmehr bemerkt man nur die Stelle, wo sich die Schenkel *h u* und *g v* schneiden, welches die gesuchte Stelle des Objekts seyn wird.

Das ist die allgemeine Auflösung. Noch ist zu bemerken, 1) daß je entfernter die Stellen G und H von einander auf der Grundlinie genommen werden können, desto genauer fällt die Auflösung aus: mithin nimmt man am liebsten bei einiger Entfernung des Objekts die beiden äußersten Punkte der Grundlinie zu Standpunkten; 2) kann man sich nun aus der Grundlinie alle die merkwürdigsten Objekte auf der Horizontfläche, welche in der Zeichnung vorkommen sollen, bestimmen. und alsdann nacheinander ihre Stelle auf der Tafel bezeichnen. Hiedurch erhalten wir den eigentlichen Zweck dieser Anweisung, daß nämlich der Maler die Hauptobjekte oder einige Hauptfiguren seines Landschaftsstücks, die unrecht gestellt, die ganze Aehnlichkeit verderben würden, gehörig in den Riß bringt; da er es sich dann viel eher erlauben kann, die Nebenstücke nach einem geübten Augenmaaße einzutragen, ohne besorgen zu dürfen, daß kleine Abweichungen von der strengen Wahrheit so leicht bemerkt werden dürften. Es ist hier viel ähnliches mit dem Verfahren des Feldmessers, der die Hauptpunkte seines Grundrisses trigonometrisch festsetzt, die kleinern Theile aber nur mit der Mensul oder Boußole aufnimmt und nachträget. 3) Man kann bei einer solchen Abmessung auch sogleich die Höhen der Objekte, wenn es nöthig ist, mit aufnehmen; indem man wenigstens an einem Standpunkte mit dem Astrolabium den Winkel mißt, welchen die oberste Gränze oder Spitze des Objekts mit der nach dem Fußpunkte desselben gezogenen Linie macht; freilich ist alsdann (da ich hier keine trigonometrische Rechnungen voraussetzen will) nöthig, das Dreieck H A G selbst geometrisch zu zeichnen, und alsdann auf die Linie, wo man den Höhenwinkel gemessen hat, z. B. H A das rechtwinklichte Dreieck H A K aufzurichten, da denn A K im Maaße der Grundlinie die Höhe angeben wird. Diese Höhe aber wird alsdann auf der Tafel aus α, nach der Anweisung des 19. §., weil man jetzt alle dort verlangte Data voraussetzen kann, aufgetragen. Ein deutliches Beispiel mag nun diese allgemeinen Vorschriften noch erläutern.

§. 28.

Man nehme an, daß die Hauptbestimmungen des Gemäldes so sind, wie sie im Beispiel des 12. Paragraragraphen gefunden wurden. Nämlich: es war die Tafel 2 Fuß 6 Zoll breit und 16 Zoll hoch; die wirkliche Höhe des Auges aber 20 Fuß angenommen, die eigentliche Entfernung der Grundlinie von der Horizontallinie war nur zu 4 Zoll bestimmt worden, und man fand auch, daß die Grundlinie 150 Fuß in der Natur abbilden konnte. Der Abstand des Auges vom Gemälde ward nach den Prinzipien zu 17 Zoll bestimmt, und daraus ergab sich, daß der Fußpunkt des Beobachters von der Grundlinie in der Natur 85 Fuß entfernt liegen mußte. Man nehme nun an, daß ein aufzutragender Punkt A, z. B. der Stamm eines Baumes, auf der wahren Horizontfläche aus 2 Punkten der Grundlinie G und H, wovon der erste 55 Fuß links von der Mittellinie der Tafel absteht, beide aber 100 Fuß von einander entfernt sind, gesehen werden könne; so daß der Winkel bei G (AGH) 40° der Winkel bei H (AHG) 100° ausmacht. Der Höhenwinkel des Objekts über A ist in H 20 Grad gefunden.

Da hier die Lage zweier geraden Linien gegen die Grundlinie perspektivisch bestimmt werden soll, so kann man dies nach dem 25. Paragraphen verrichten. Weil der zweite Winkel ein stumpfer ist, so findet die Schlußanmerkung des 23. Paragraphen hier Anwendung. Wo sich die beiden hiernach gezogenen Linien schneiden, wird der Punkt A oder der Baum den Horizont treffen.

Um die Höhe des Baumes gehörig in den perspektivischen Riß zu bringen, muß man freilich den Triangel geometrisch nach seinem Maaßstabe verzeichnen, und über der Seite, wo man den Höhenwinkel genommen, ein rechtwinklichtes Dreieck mit diesem Winkel errichten. Alsdann wird der dem Höhenwinkel entgegenstehende Kathetus A K nach dem Maaßstabe die wahre Höhe geben. Diese wird nun in verkürzten Fußen nach §. 19. aufgetragen. Die Entfernung von A bis zur Horizontallinie der Tafel wird zu 20 Fuß, als die verkürzte Höhe des Auges, gerechnet, und dies wird der Maaßstab für die Höhe des Baumes, wornach die 38 Fuß, wie sie durch die geometrische Zeichnung gefunden worden, aus A aufgetragen werden.

§. 29.

Wir wollen noch eine andre Methode angeben, wie man entweder schon bekannte Entfernungen von der Grundlinie und Scheitellinie O P auf den Riß bringt, oder wie man sie, in soferne man in die wahre Horizontalfläche hineinkommen kann, erst geometrisch suchen, und dann sofort perspektivisch auftragen kann. Zuerst also die geometrische Methode.

Man stelle sich wiederum z. B. die Ecke eines Hauses in einer nicht zu großen Entfernung von der Grundlinie vor. Man kann nun von der Mitte

aus

aus auf der Grundlinie, und wenn es nöthig ist, auf ihrer Verlängerung so weit fortgehen, bis die, nach dem Objekt, aus der Fundamentallinie gerichtete gerade Linie einen rechten Winkel mit der Fundamentallinie macht (es läßt sich leicht zeigen, wie hierzu das Astrolabium gebraucht werden kann). Dies sei z. B. 30 Fuß. Man mißt nun (mit der Kette oder mit Schritten) die senkrechte Entfernung des Objekts von der Fundamentallinie. Dies sei z. B. 50 Fuß.

Um nun das gemessene und also bekannte perspektivisch aufzutragen, darf man nur 30 Fuß nach dem perspektivischen Maaßstab von der Mitte der Tafel auf der Grundlinie auftragen, und aus dem dadurch bestimmten Punkt auf der Grundlinie eine gerade Linie in den Augenpunkt ziehen. Es sei in der Figur c o. Um nun auf derselben den Abstand c g von 50 Fuß gehörig zu nehmen, muß 1) der wirkliche Abstand des Auges von dem Augenpunkt der Malertafel in dem perspektivischen Maaßstab, nach welchem im Beispiel o p die perspektivische Höhe des Auges 20 Fuß beträgt, ausgedrückt werden. Mit dem Instrument kann man dies so machen, daß man es so weit dehnt, daß nach §. 19. o p auf gehörige Zahlen der arithmetischen Linien hier etwa zwischen die beiden 40 paßt. Es sei nun O Q jener Abstand des Auges, so wird er auf die Punkte 160 treffen, mithin eigentlich 80 seyn. Meistens ist es leichter, dies durch eine bloße Rechnung zu machen, z. B. wenn O p eine Anzahl 6. F.

 Zolle

Zolle betrüge, wie etwa 4, und die Distanz des Auges wäre auch in Zollen gegeben, z. B. 16, und die Höhe des Auges ist nun 20 Fuß, so ist 4: 16 = 20: 80.; in der Figur ist alles viermal verkleinert vorgestellt.

2) Jetzt faßt man die Linie c o zwischen dem Zirkel, und sucht auf der Seite des Proportionalzirkels, wo die perspektivische Linien stehen, nach seiner Bequemlichkeit correspondirende Zahlen, welche gut in 80 aufgehen, hier z. B. 8 auf dem 3ten Paar Linien, und eröfnet nun das Instrument so weit, bis das ganze c o auf die beiden 8 paßt.

3) Man addirt 50 zu 80, dies macht 130. Da nun 80: 130 = 8: 13; so nimmt man den Abstand der Punkte 13 zwischen dem Zirkel und trägt

4) diese gefundene Distanz von o nach g, so ist c g auf dem Gemälde eine Linie, die nach richtiger Perspektive eine Vertiefung von 50 Fuß, von dem Punkt c der Fundamentallinie gerechnet, anzeigt.

Dies ist wiederum zum ersten Unterricht mit aller Umständlichkeit vorgetragen: durch Uebung wird man hier noch schnell genug verfahren.

Denn so wird z. B. bei einem Gemälde No. 1. ein für allemal für alle die Fälle bestimmt, wo solche Punkte, auf perspektivisch rechtwinklichten, aus der Fundamentallinie in den Augenpunkt gezogenen Linien nach ihrer Vertiefung bestimmt wer-

den

den sollen. In unserm Falle ist es immer 80. Eben so ist nach No. 2. auch ein für allemal das Instrument für alle dergleichen Punkte bestimmt, die man auf der Linie c o perspektivisch auftragen will, und nun kann man darum nach 3. und 4. so viel als man will, vom Instrument abtragen, z. B. wenn noch die Entfernungen 25 und 112, von c in die Tiefe gerechnet, zu verzeichnen wären; so ist noch $80 + 25 = 105.$

$80 + 112 = 192.$

Man nimmt also vom Instrument diese beiden Größen gehörig auf dem 3ten Paar der perspektivischen Linien; 105, um 5 Punkte hinter 10, und 192, um 2 Punkte hinter 19, und träget diese Distanzen vom Instrument nach d und e, von O aus, auf.

Es versteht sich, denke ich, von selbst, wie man, über g, d und e eine mittelst des Höhenwinkels gefundene Höhe, der in dem mit c auf der wirklichen Fundamentallinie der Gegend korrespondirenden Punkte gemessen worden, oder eine sonst schon bekannte oder selbst beliebige Höhe gehörig zeichnen könne. Das geometrische Bestimmen der gemessenen Höhe ist leichter, weil man den Abstand von c weiß, also nur an einer Linie von 50, wie im ersten Beispiel, an einem Endpunkt den gemessenen Höhenwinkel anlegen, am andern ein Perpendikel errichten darf; so wird die dem Höhenwinkel gegenüberstehende Seite des so entstandenen

Dreiecks die wirkliche Höhe des Gegenstandes im Fußmaaß angeben u. s. w.

§. 30.

6. F. Auf einer jeden Linie, die aus irgend einem Punkte der Fundamentallinie, nach irgend einem Punkt der Horizontallinie, gezogen ist, mithin jeden beliebigen Winkel mit der Fundamentallinie machen kann; z. B. auf der Linie m n läßt sich auf ganz ähnliche Art jede Entfernung von dem Durchschnittspunkt n mit der Fundamentallinie, d. i. jede perspektivische Vertiefung, bestimmen; wenn man nur die Regeln des vorigen Paragraphen sub No 1. folgendermaßen abändert.

Man setzt die Entfernung des Auges vom Gemälde (O Q), und die Entfernung des Durchschnittspunkts (n) der gegebenen Linie (m n) von dem Augenpunkt (o), oder die Linie O n unter einem rechten Winkel aneinander, und zieht die Hypotenuse Q n. Diese mißt man nach dem Fundamentalmaaßstabe der Höhe des Auges o p, entweder nach der bekannten Manier auf den arithmetischen Linien des Proportionalzirkels, wenn er groß genug dazu ist, oder indem man O p, so oft es angeht, auf Q p aufträgt, und den etwanigen Rest noch nach dem Proportionalzirkel bestimmt. Nachdem nun diese Linie Q n in Zahlen bestimmt

bestimmt ist, so verfahre man gänzlich nach No. 2. 3. und 4. des vorhergehenden Paragraphens.

Man finde z. B. in der Figur durch diese Messung die Zahl 82, und der Abstand 70 vom Punkt m soll aufgetragen werden. Man suche sich auf einem Paare der perspektivischen Linien des Proportionalzirkels die Zahl, welche sich für 82 schikket, z. B. auf dem dritten Paar von außen, zwei Abtheilungen vor der Zahl 8 nach dem Gewinde zu, nehme nun die Linie m n zwischen dem Zirkel, und passe sie gehörig auf diese Punkte. Da nun 70 + 82 = 152, so nehme man auf eben den Linien des Instruments den Abstand der beiden Punkte, die um zwei Abtheilungen vor 15 nach dem Gewinde zu liegen, und trage sie auf der Tafel von n nach r auf, so giebt m r 70 perspektivische Fuße.

Man sieht leicht, daß man nun auf solche Art bei eben der Eröfnung des Instruments alle, ihrer wahren Entfernung nach bestimmte oder gegebene, Punkte auf m n auftragen kann, welches in manchen Fällen große Bequemlichkeit gewähret, z. B. wenn auf m n die Fundamentallinie eines Hauses liegt, so kann man auf solche Art die Distanzen der Thüren, Fenster u. dergl. sehr schnell perspektivisch bestimmen.

Eben so werden die vorgekommene Beispiele schon gezeigt haben, daß die verschiedenen Paare perspektivischer Linien auf dem Instrument weiter nichts als eine gewisse Bequemlichkeit und Geschmeidigkeit bei der Ausübung zum Zweck haben, indem es an sich einerlei ist, welches Paar man zu seinem jedesmaligen Gebrauch wählet. Was noch besonders die korrespondirenden Zahlen betrift, so ist man dabei eben so wenig gebunden, als bei den arithmetischen Linien des Instruments. Man kann andere Zahlen als gerade die vorgegebenen wählen, z. B. solche, die die Hälfte, das doppelte, vierfache u. s. w. davon sind, z. B. im letztern Fall könnte man auf dem ersten äußern Paar Linien die Punkte 164 nehmen, da aber alsdann statt 15,2 auch 30,4 vom Instrument zu nehmen seyn wird. Eine Methode, wie man in manchen Fällen die einzutheilende Linie kürzer nehmen kann, damit der Proportionalzirkel nicht zu weit dürfe aufgesperrt werden, kommt unten §. 31. vor.

Die Frage, wie man die geometrische Lage solcher Linien, die einen schiefen Winkel mit der Grundlinie machen, gehörig finden könne (z. B. die Seite einer Straße oder Allee) um nachher eine solche Linie perspektivisch nach dem 23. Paragraphen auf dem Gemälde zu ziehen, und die auf derselben etwa gemessene oder sonst bekannte Theile einzutragen, läßt sich auf mancherlei Art auflösen. Eine leichte hinreichend genaue Art möchte seyn, daß man ein Paar Stäbe in gleicher doch genauer Entfernung von der wirklichen Linie einsetzte, und aus dem Punkt, wo ein dritter in der Fundamentlinie

linie sie deckte, den Winkel måße, und dann etwa in der genannten Entfernung auf der Grundlinie der Tafel die Linie m n nach §. 23. perspektivisch auftrüge.

Oft geben auch 2 Punkte nach dem vorherigen Paragraphen (z. B. die beiden Ecken eines schief gegen die Tafel liegenden Hauses), nachdem sie perspektivisch aufgetragen sind, die Lage einer solchen schiefen Linie auf dem Gemålde, die man nachher den gegebenen Regeln gemåß gehörig eintheilen kann.

§. 31.

Ich will nun noch den Gebrauch der auf dem Instrument mit Ellipt. (Linea Elliptica) bezeichneten Linien zeigen.

In der perspektivischen Darstellung müssen in den meisten Fållen die kreisförmigen Objekte mehr oder weniger långlicht rund oder elliptisch ausgedrückt werden. Dies kann bequem mittelst dieser Linien ausgeführt werden.

Wenn der Kreis sich in der Ebene des Horizonts befindet, z. B. es sei O P 40 Fuß, des 7. F.
Kreises Halbmesser soll 25 Fuß und sein Mittelpunkt 40 Fuß von der Fundamentallinie, und 30 Fuß rechts von O P oder der Vertikalfläche des Auges liegen. Man macht P S = 30 und zieht 50 in den Augenpunkt, so muß der Mittelpunkt

punkt des Kreises auf S O liegen. Nun sei der wirkliche Abstand des Auges von der Malertafel o R, so findet man solches nach der Augenhöhe 70, und trägt nun, S O zu 70 angenommen, gehörig hier etwa auf der dritten perspektivischen Linie des Proportionalzirkels, nämlich auf den Punkten 7 auf. Nun ist 70 + 40 = 110. Dies vom Instrument, nämlich zwischen 11 und 11, derselben dritten perspektivischen Linie, genommen und aus O aufgetragen, giebt den Mittelpunkt des Kreises C. Man theile nun den Durchmesser in 10 Theile, so kommen auf jeden 5 Fuß. Der Punkt a des Durchmessers b a steht nun 15, der darauf folgende 20, d. i. sie stehen in folgender Ordnung von der Grundlinie ab:

15	macht	zu 70	addirt	85
20	—	—	—	90
25	—	—	—	95
30	—	—	—	100
35	—	—	—	105
40	—	—	—	110
45	—	—	—	115
50	—	—	—	120
55	—	—	—	125
60	—	—	—	130
65	—	—	—	135

Nachdem nun, wenn c p parallel mit der Grundlinie gezogen worden, und c d und c δ nach dem Verhältniß von p O = 40 zu 25 angenommen

men worden; auch die Zahlen der vorhin angegegebenen letzten Reihe, von den erstgenannten perspektivischen Linien, von a bis b, aufgetragen, so daß O a = 85, O α = 90 u. s. w. genommen wird; so ziehe man mit d δ Parallelen durch diese Theilungspunkte. Alsdann wird c d oder c δ zwischen den Punkten 100 der elliptischen Linien genommen, und die Distanz der Punkte 80, 60, 40, 20 auf e d und e δ aufgetragen; mit Linien, die durch diese Punkte nach dem Augenpunkt laufen, werden nach einander immer die beiden nächsten Parallelen mit δ d geschnitten, und durch die Durchschnittspunkte eine krumme Linie gezogen, welche den Kreis perspektivisch vorstellen wird.

So wie diese eben gegebene Vorschrift zur Regel dienen kann, wenn kreisrunde Teiche oder Weiher, Bassins zu Springbrunnen u. dergl. perspektivisch abgebildet werden sollen; so kann man auf vertikale in den Augenpunkt oder sonst in einen Punkt der Horizontallinie laufende Flächen, kreisförmige Theile, z. B. Arkaden, Brückenbogen u. dergl. nach ähnlichen Regeln perspektivisch entwerfen. Z. B. Wenn fest stehet, wie weit die Vertikalfläche von P (dem Fußpunkt auf der Tafel) absteht, z. B. 30 Fuß; ferner, daß sie etwa einen rechten Winkel mit der Grundlinie macht; endlich, wie hoch der Mittelpunkt des Kreisbogens über der Horizontfläche liegt; so wird der Seitenabstand von P und die Höhe von C wie gewöhnlich gesucht,

gesucht, und durch C wird K O gezogen, mit diesem K O, so wie im vorigen Falle mit O S, verfahren, und dann auch nach eben der Regel O C auf dem Instrument genommen, die beiden Halbmesser auf eben die Art gefunden, jeder in 5 Theile getheilt, und auf C D, dessen Höhe man nach den gewöhnlichen Anweisungen nimmt, und zwischen die Punkte 100 der elliptischen Linie setzt, werden von eben der elliptischen Linie die Punkte 80, 60, 40, 20 getragen, die Parallelen durch die Theilungspunkte A B und durch 80, 60 u. s. w. nach dem gehörigen Punkt im Horizont oder hier nach dem Augenpunkt gerade Linien gezogen, und durch die Punkte, wo sie die gehörigen Parallelen in m, m treffen, wird eine krumme Linie zwischen A und B gelegt, die den Halbkreis perspektivisch darstellet.

Siebenter Abschnitt.

Anwendung des bisherigen auf ein Beispiel, nebst Ausmessung und Prüfung der Gemälde nach den Regeln der Perspektive.

§. 32.

Ich darf behaupten, daß durch das vorherige gewissermaßen alle Aufgaben, die in der Perspektive gewöhn-

gewöhnlich vorkommen, aufgelöset sind. Denn wenn man jedweden Punkt auf und über der Horizontalfläche an seiner zugehörigen Stelle im Gemälde hinzulegen, bestimmte und nie fehlende Regeln hat; so muß man alles vorkommende, wenn man die wahren Abstände weiß, perspektivisch zeichnen können, wo denn, was von Linien, Winkeln, parallelen Lagen u. s. w. vorgekommen ist, nur die Operationen verkürzt.

Wenn z. B. in der 8. Figur das schräge gegen die Grundlinie stehende Haus mit dem Walmdache zu verzeichnen wäre, und man wüßte nur 8. F. wie weit seine Ecke E von O m und von der Grundlinie entfernt wäre, so könnte man E nach §. 29. eintragen.

Soll seine Fronte E X mit der Grundlinie einen Winkel von 45° machen, so findet man diesen Winkel nach §. 23., wenn die Distanz des Gesichtspunkts bekannt ist, und den perspektivischen rechten Winkel X E F nach §. 25.

Wenn nun die Höhe des Hauses bis unters Dach 40 Fuß seyn soll, so ziehet man E e gegen die Grundlinie senkrecht, und da O m hier 20 Fuß ist, so muß auch E f 20 Fuß ausdrücken, mithin 2 E f = E e = 40 Fuß seyn.

Da die Ränder des Dachs mit E X und E F perspektivisch parallel seyn müssen, so ziehet man

e g,

e g, und e l in eben die Punkte der Horizontallinie mit E X und E F nach §. 20. I.

Es soll nun E X = 56 und E F = 32 Fuß seyn, so kann man dies nach §. 29. auflösen. Da aber hier der Fall eintritt, daß die Grundlinien des Hauses E X und E F, bis an die Horizontal- und Grundlinie des Gemäldes ausgezogen, sehr lang werden, und eine unbequeme Aufsperrung des Proportionalzirkels erfordern möchten; so kann man sich vorstellen, daß durch E eine mit der Horizontallinie parallele Linie die Grundlinie sey, eine Voraussetzung, die sich auf §. 2. gründet. Nur ist alsdann E f = 20, das Maaß, womit man die Linien P L und P K, nachdem sie wie §. 29. gefunden worden, ausmißt. Auf solche Art findet man sie beide 360. Man nimmt daher die innersten mit No. 2. am Rande bezeichneten perspektivischen Linien, und spannet die Linie E L zwischen die sechste Theilung innerhalb 3 nach dem Centro zu, welche hier 360 anzeigt; und nimmt auf solche Art 360 + 56 = 416, welches L X giebt. Auf eben die Art wird K E zwischen 360 auf das Instrument gesetzt, und 392 = 360 + 32 gehörig genommen, so schneidet sich E F ab.

Man zieht nun X g und F l gegen die Grundlinie senkrecht, bis sie die Linien e L und e K in g und l schneidet, so hat man die beiden sichtbaren Facen des Hauses.

Sollte

Sollte die Linie L E noch zu groß und zu beschwerlich zum Auftragen seyn, so ist hier noch ein leichterer Weg:

Man halbire E f (die senkrechte Linie aus E auf den Horizont in Φ), ziehe Φ ψ mit E L parallel, wie unten in der Anmerkung umständlicher gezeigt wird, und bringe Φ ψ, wie im Beispiel auf die Punkte 360. Man nehme bey dieser Aufspannung des Instruments ψ π = 416, und trage nun das doppelte von Φ π oder 2 Φ π von E nach X, so hat man ebenfalls den Punkt X richtig gefunden.

Die Höhe des Dachs ist in der Regel die halbe Breite des Hauses, und um eben diese halbe Breite wird der Walm einwärts gelegt, so daß also c über einem Punkt lieget, der von δ 16 Fuß nach dem innern des Hauses absteht. Nachdem also 360 + 16 = 376 vom Instrument nach δ gelegt ist, sucht man wie oft δ r in P L enthalten, setzt die gefundene Zahl aufs Instrument, addirt 16 dazu, und schneidet damit den Punkt auf L δ gehörig ab, über welchem man nun die Höhe 56 nach der Entfernung von der Horizontallinie errichtet; so hat man c, und kann die Gradsparren e c und l c perspektivisch darstellen. Wie man auch den Punkt h auf der nach L ausgezogenen Forstlinie finden soll, sieht man nun leicht, da er senkrecht über einem Punkt der Grundfläche liegen muß, der 40 Fuß von δ entfernt ist.

Anmerk. 1. Das oben für den Fall, da die Linie L E, wegen ihrer Größe, das Auftragen auf den Proportionalzirkel beschwerlich macht, angerathene Verfahren giebt in der That eine ganz allgemeine Regel, ob es gleich nur alsdann anzurathen ist, wenn die Linie L E zu groß, oder die Instrumente zu klein sind, so daß wirklich dadurch auf gewisse Weise der im 16. Paragraph vorgeschlagene große Proportional- und Handzirkel entbehrlich wird. Mit Beziehung auf die vorliegende Figur würde die Regel nun allgemein ausgedrückt so lauten.

1) Von einer aus dem Anfangspunkt E der einzutheilenden Linie E L auf die Horizontallinie gezogenen Perpendikulare, nehme man von der Horizontallinie aus f einen bestimmten Theil, die Hälfte, das Drittel, das Viertel von den arithmetischen Linien, welches z. B. in φ fällt; macht f ψ $= \frac{1}{2}$ f L und zieht $\varphi\,\psi$; oder

2) da der Winkel bei E ein spitzer, so faßt man f E mit den Handzirkel, und schneidet aus f ein gleichschenklichtes Dreieck f E T ab.

3) Auf f T trägt man f φ in β, und zieht $\varphi\,\beta$, bis es die Horizontallinie in ψ schneidet, so wird $\varphi\,\psi$ ein bestimmter Theil

Theil, z. B. die Hälfte, ein Drittel, ein Viertel von E L (und mit E L parallel).

4) Diesen Theil von E L braucht man nun nur auf die perspektivischen Linien des Proportionalzirkels aufzutragen, und von ψ aus die Theile nach der Regel darauf zu nehmen. Nun aber braucht man nicht mehr von dem Punkte L aus, wie es etwa scheinen möchte, das doppelte, dreifache, vierfache u. dergl. des gefundenen Stücks aufzutragen, sondern man nimmt

5) von E aus das Doppelte, Dreifache oder Vierfache des auf ψ φ gebliebenen Restes.

Man sieht, daß das Verfahren für jeden besondern auf E L zu nehmenden Theil paßt. Will man in einem Gemälde überhaupt viele Punkte perspektivisch bestimmen, so wird es, um nicht dasselbe zu sehr mit Linien durchzuziehen, und mit der Zirkelspitze zu durchstechen, immer gerathen seyn, diese mathematisch zu bestimmenden Punkte erst auf ein besonderes Blatt zu bringen, von welchem sie denn auf die bequemste Art auf das eigentliche Tableau herüber zu tragen sind.

Anmerk. 2. Hier finde ich nun noch nöthig eine Betrachtung beizufügen, die dazu dienen kann, einen Einwurf gegen die Brauchbarkeit und Anwendbarkeit der hier vorgetragenen perspektivischen Regeln zu entkräften. Dadurch, sagt man, daß immer eine geometrische Messung vorausgesetzt werde, die nicht jedes Künstlers Sache ist, und wozu er auch nicht Zeit hat, würde die Anwendung der perspektivischen Regeln meistens unbrauchbar. Ich will hierauf nicht, wie ich wohl könnte, bloß antworten. — Was zur Richtigkeit des Gemäldes nöthig ist, das **muß** der Künstler lernen, und dazu **muß** er Zeit haben, — sondern ich will beide Gründe der Unthulichkeit zugeben; so bleibt doch die Anwendbarkeit der Regeln stehen. Entweder der Landschaftsmaler zeichnet nach der Natur, oder seine Landschaft ist ein Ideal. In beiden Fällen muß er doch einen Horizont, eine Höhe des Auges über den Grund, eine bestimmte Entfernung des Auges von der Tafel, einen einzigen Augenpunkt annehmen. Wenn nun regelmäßige Gebäude, Figuren von eingeschränkter Größe, wie von Thieren und Menschen, selbst Gewächsen und Kunstsachen auf dem Gemälde vorkommen sollen; so mag der Mahler ihnen immerhin eine Stelle nach seinem Augenmaaß anweisen. Aber nun muß er sie doch wenigstens an dieser Stelle von solcher Größe und Höhe zeichnen, wie es die perspektivischen Regeln wollen; warum wollte er sie

denn

denn dazu nicht gebrauchen, um nicht den Fehler, den vielleicht das bloße Augenmaaß ihn bei der Stellung seines Objekts begehen ließ, noch durch unrichtige Darstellung an der fehlerhaften Stelle zu vergrößern. Denn wenn z. B. ein 50 Fuß hohes Gebäude um 30 Fuß zu weit von der Grundlinie gesetzt würde; so muß man ihm doch seine Höhe lieber dieser fehlerhaften Lage gemäß geben, als daß man es 80 Fuß hoch zeichnet u. s. w. Bei den Idealen versteht es sich von selbst, daß auch hier das Natürliche und Täuschende nicht anders als durch die Anwenduug richtiger Perspektive erhalten wird.

§. 33.

An der 8ten Figur will ich nun nur noch in einigen Beispielen zeigen, wie man mittelst der bisherigen Regeln ein vorliegendes Gemälde prüfen, und was man will darin ausmessen, das ist, seiner wahren Größe nach angeben kann, woraus sich dann zeiget, ob dies oder jenes nach der dem Gegenstande natürlichen Größe richtig oder unrichtig dargestellet worden.

Der Zug der Horizontallinie findet sich hier leicht, weil das Gewässer an dem Rande W ihn gerade hin darstellet.

Aber auch schon die Punkte K und L, in welche die perspektivische Parallelen e g, EX, E F, e l zusammen laufen, geben sie einzeln und noch bestimmter beyde zusammen an. Den Augenpunkt nimmt man mit Wahrscheinlichkeit auf der Mitte in O an.

Bestimmter geben ihn vermittelst des rechtwinklicht an der Grundlinie stehenden Gebäudes, die in diesen Punkt O zusammenlaufenden perspektivischen Parallelen A B, a b.

Die Höhe des Auges läßt sich daraus abnehmen, weil die Horizontallinie durch die Fenster des zweyten Stocks der Häuser läuft. Nimmt man das Kellergeschoß 3 Fuß über der Erde, den untern Stock mit der Balkenlage 12 Fuß, und da wo die Horizontallinie durchstreicht, die Höhe eines Menschen etwa zu 5 Fuß, so ist die Summe 20, und so groß ist also O m anzunehmen.

Die wirkliche Entfernung des Auges von der Tafel läßt sich freilich nach §. 7. nur beiläufig bestimmen, nämlich etwas größer als die halbe Breite des Gemäldes O W; sie ist hier merklich mehrentheils um $\frac{1}{5}$ größer, nämlich = O P = O K angenommen. Da O K = 7 O m gefunden wird, so ist der Gesichtspunkt so genommen, daß alles, was im Vorgrund steht, 140 Fuß und drüber vom Auge entfernt seyn muß.

Nun kann man 1) die Höhen und Breiten, auch Entfernung der Objekte von einander, in sofern

fern letztere mit der Horizont- und Grundlinie parallel sind, kurz, die perspektivischen Verkürzungen nach ihrer wahren Größe angeben; indem die Tiefe eines Endpunktes solcher Linien unter der Horizontallinie 20 Fuß gerechnet, und die Höhe oder Breite damit ausgemessen wird. So ist

1) die Höhe des verfallenen Thurms V v 55 Fuß.

2) Der Baum b 60 Fuß hoch.

3) Die Gartenmauer R N 20 Fuß lang und 10 Fuß hoch.

4) Das Haus mit dem Satteldach 32 Fuß im Giebel breit, bis an das Dach 38, bis an die Förste 57 Fuß hoch.

5) Dagegen ist das Gartenhaus bis ans Dach nur 25 Fuß hoch, die daran stoßende Gartenmauer nur etwa 7 Fuß.

6) Des Hauses mit dem Walmdach Eingang ist von der Gartenmauer des vorigen mit dem Satteldach an 98 Fuß entfernt.

7) Der Kirchthurm ist an 200 Fuß bis an das Kreuz, die Förste des Kirchdachs 70 Fuß hoch.

Weiter kann man nun auch die Entfernungen von der Grundlinie des Gemäldes in jeder Richtung oder jeder zwei Punkte von einander, kurz

 alle

alle perspektivische Vertiefungen wieder auf die wahre Größe, welche sie ausdrücken, durch Umkehrung der Auflösungen des 28 und 29. Paragraphs zurückführen.

Man wollte z. B. wissen, wie weit das Haus mit dem Walmdache von der Kirche oder der Punkt H von E entfernt ist. Trägt man nun, wie im vorigen Paragraph E K auf die Punkte 360, und misset darnach die Linie K H, so fällt sie ziemlich zwischen die Punkte 950. Wenn davon 360 abgezogen werden bleibt 570 Fuß, als der Abstand des Punkts E von der Kirche übrig; wenn nach dem Vorigen E F = 32, so bleibt der Abstand eigentlich nur 538 Fuß.

Eben so da K F 392, mithin E F 32, und KG = 455, mithin E G = 95, so ist die Länge der Gartenmauer G F = 63 Fuß = 95 — 32.

Wollte man des Hauses z Abstand von E wissen, so würde man durch E, und irgend einen Eckpunkt dieses Hauses eine Linie E α in den Horizont ziehen; mit der Höhe des Auges E f die Linie P α ausmessen, sie ist 280. Man trägt nun E α zwischen die Punkte 280. Die Distanz von α bis an das Haus z findet man etwa 1090, also sind die beiden Häuser 810 Fuß von einander entfernt.

Eines jeden einzelnen Punkts auf der Grundfläche, Entfernung von der Scheitelfläche des Auges

ges und von der Grundlinie, findet man am leichtesten folgendermaßen.

Man zieht durch den vorgegebenen und den Augenpunkt eine gerade Linie, bis an die Grundlinie; so giebt

1) ihre Entfernung von m mit O m = 20 Fuß ausgemessen, wie z. E. m y = 95 Fuß. Da aber O m auf O P der Entfernung des Auges vom Gemälde aufgetragen 65 giebt; so trägt man

2) O y zwischen die Punkte 65 auf dem Proportionalzirkel, misset dann O w, welche etwa 86 giebt. Daher der Mensch 21 Fuß von der Grundlinie in y absteht.

Achter Abschnitt.

Kurze Sätze über die mathematische Gränzbestimmung des Schattens.

§. 34.

Da es hier noch mehr als bei allem übrigen auf den Künstlerblick ankömmt; so werde ich darüber auch noch kürzer seyn können. Nur eine Anleitung soll hier gegeben werden, wodurch bei etwa vorkommender Ungewißheit die Extremen vermieden werden können.

Wenn erhabene, sehr weit von der Grundlinie des Gemäldes entfernte Gegenstände, z. E. die Sonne, der Mond, Gestirne, Gewölke, Gipfel entfernter Gebürge, oder auf Bergen stehende Thürme auf der Tafel vorgestellt werden sollen, so muß man ihren Fußpunkt im Horizont annehmen. Wenn nun ausgemacht ist, um was für einen Winkel ein solcher Gegenstand von der Vertikallinie p q (d. i. von der Vertikalfläche, worinnen das Auge ist) absteher, und um was für einen Winkel er über dem Horizont erhaben ist, so wird die Regel ihn aufzutragen durch folgendes Beispiel deutlich werden.

Der Mond soll 20 Grad rechts von dem Au-
9. F. genpunkt p, und 35° über den Horizont gezeichnet werden.

Man nehme die Entfernung des Auges von der Tafel (oder einen Theil davon nach §. 29.), und trage sie zwischen 45 der Lin. Tang des Proportionalzirkels; bei eben der Eröfnung desselben nehme man den Abstand zwischen die Punkte 20, trage sie von p nach r auf, und ziehe r l senkrecht. Hiernächst nimmt man eben den Abstand des Auges zwischen den Punkten o der Lin. secant., und bei gleicher Auffsperrung des Instruments, trage man den Abstand der Punkte 20 von r nach f, nimmt r f zwischen die Punkte 45 der Lin. Tang. und macht r l dem Abstand der Punkte 35 auf selbiger Linie gleich; so hat man den Ort des Mondes in l richtig gezeichnet.

§. 35.

§. 35.

Die Erleuchtung auf einem Gemälde rührt entweder von der Sonne und dem Monde, oder vom bloßen Tageslicht, oder vom künstlichen Feuer, z. B. dem Kerzenlicht u. dergl. her. Dunkle und undurchsichtige Objekte liegen auf der vom Lichte abgekehrten Seite, nicht nur selbst im Schatten, sondern verursachen auch, daß auf Oberflächen der Körper, zwischen welchen und dem Lichte sie befindlich sind, kein Licht fallen kann. Der auf letztbeschriebene Art entstandene Schatten heißt auch der Schlagschatten.

§. 36.

Aufgabe. Die Stelle eines leuchtenden Punktes A, und eines dunkeln a auf der 10. F.
Tafel sey gegeben, man soll die Stelle des Schattens finden.

Auflösung. Es sey die Entfernung des leuchtenden Punkts von der Vertikalfläche des Auges, oder von p q gegeben, so mache man q δ dessen Entfernung nach dem Maaßstabe des Gemäldes gleich, und ziehe δ p in den Augenpunkt, so ist A B das Bild der Erhöhung von A über der Grundfläche. Hat man eben so a b bestimmt, so darf man nun nur A a und B b so weit ausziehen, bis sie sich in α schneiden; alsdann ist α die Stelle des Schattens auf dem Gemälde.

Einer geraden Linie Schatten findet man, wenn man nach der eben gegebenen Regel den Schat-

Schatten ihrer Endpunkte für sich suchet, und die beiden Schattenpunkte mit einer geraden Linie verbindet. In der Figur ist auf solche Art α b der Schatten von a b.

In sofern man das Licht einer Kerze, des Sonnen- und Mondlichts, indem sie nur einen kleinen Raum auf dem Gemälde einnehmen, als einen leuchtenden Punkt betrachtet; so wird aus ihrer gegebenen Stelle, und der Stelle eines dunkeln Punkts oder Linie der Schatten der letztern nach eben der Regel gefunden.

Auch der Schatten ganzer Körper wird auf ähnliche Art gefunden. Man sucht nämlich die Stellen, wohin der Schatten der hervorragenden oder Eckpunkte hinfällt, und verbindet sie mit geraden oder nach den Umständen mit krummen Linien, so erhält man die Gränzen des Schlagschattens.

Erstes Beispiel. Aus dem Mittelpunkt der
11. F. Kerze λ zieht man durch die Spitze g der Pyramide die Linie λ u. Es sey g h senkrecht auf dem Horizont. Aus des Lichts Fußpunkt μ ziehe man μ h, bis es λ u in u schneidet; ferner ziehe man die Linien e u und f u; so ist e u f der Schatten der Pyramide. Steht zwischen h und u eine senkrechte Wand, deren Grundlinie von μ u in Z geschnitten wird, so ziehe man die perspektivische senkrechte Linie z t bis an λ u, wie auch r t und s t,

so

so bestimmt das Dreieck r t s die Gränzen des Schattens, so weit er auf die Wand fällt.

Zweites Beispiel. Wenn nach dem vorigen Paragraph das Bild der Sonne S richtig auf der Zeichnung gestellt ist, so ist ihr Fußpunkt G im Horizont. Die Gränzlinien des Schattens des prismatischen Körpers findet man daher folgendergestalt: Man zieht G D, S A, dies giebt den Punkt L und die Linie D L. Ferner G E, S B geben den Vereinigungspunkt K und die Linie L K. Endlich G F, S C geben den Punkt H und die Linien K H, und H F vollenden die Gränze des Schattens. 12.F.

Steht die Sonne in der Fläche, worin die Tafel selbst ist, das ist 90° von dem Augenpunkt, so trägt man die Höhe des schattenwerfenden Punkts auf die Nummern 45 der Tangentenlinien, zieht alsdann die Sonnen Höhe ab von 90°, und nimmt zwischen den Nummern, welche die gefundene Zahl anzeigt, die Entfernung, welche als die Schattenlinie mit der Horizontallinie parallel aus dem Fußpunkt des schattenwerfenden Punkts aufgetragen wird. Z. E. Die Höhe der Pyramide K M. Die Sonnenhöhe ist 38° und 90 — 38 = 52; mithin ist M φ der Abstand zwischen den Punkten 52. H φ und T φ geben hier die Gränzen des Schattens. 13.F.

14.F. Wenn endlich die Sonne vor der Tafel dem Mahler im Rücken steht, welches der am häufigsten vorkommende Fall ist, so sey P der Augenpunkt, P Q die Distanz des Auges von der Tafel. Wie so oft gezeigt, setze man P Q (oder einen Theil davon) zwischen 45, und nehme P M auf der Tangentenlinie zwischen den Zahlen, die den Abweichungswinkel der Sonne von der Vertikalfläche oder von P Q anzeigen. Alsdann trägt man M Q zwischen 45 des Instruments, und läßt von M eine senkrechte Linie herab, auf welcher M N nach der Zahl des Winkels der Sonnenhöhe vom Instrument genommen wird. Der Durchschnittspunkt, der M A nach dem Fußpunkt von B gezogen, und der Linie N B, giebt den Gränzpunkt des Schattens b, so wie M K und N C den Gränzpunkt c u. s. w., wodurch denn auch die Gränzlinien wie A b b c u. s. w. bestimmt werden. Ueberhaupt wird eben, weil weder Sonne noch Kerze bloße Punkte sind, die Gränze des Schattens nicht so völlig scharf gezeichnet, sondern am Rande muß ein Halbschatten ausgedrückt werden.

Wenn ein Gegenstand E M von dem bloßen
15. F. Tageslicht, welches durch eine Oeffnung A B C D, z. E. eine Thüre, auf ihn fällt, erleuchtet wird, so muß man die Oeffnung als eine leuchtende Fläche ansehen. Man ziehe A L l und D E e, so geben L l und E e die Gränzen des sich ins unendliche verlierenden Halbschattens ab. Denn innerhalb dieser Gränzen läßt der Körper M nicht alles Licht hinkommen, das ohne ihn dahin fallen würde.

würde. Stellt man sich nun A B als eine leuchtende Linie vor, und zieht A E und B F, A G und B H, A L und B M bis zu den Durchschnittspunkten e, g, l, so wäre E e g l L der Schatten, wenn bloß die Linie A B leuchtete. Wenn man sich aber bloß C D als leuchtend vorstellte, so würde E e γ λ L der Schatten seyn. Beide haben E e h λ L mit einander gemein, welcher Raum, da er immer im Schatten liegen würde, was man auch zwischen A B und C D für eine Linie als leuchtend annimmt, den Kernschatten ausmacht.

Das Tageslicht kann sich durch dergleichen Oeffnungen nicht überall gleich ausbreiten. Besonders hindert schon die Dicke der Mauer, daß es in die Winkel, welche sich in eben der Wand befinden, wo die Fenster sind, nicht hinein kann. Ueberhaupt muß auch die Decke dunkler als der Fußboden gehalten werden, sie bekömmt nur reflektirtes Licht. Eine gerade Mauer unter freiem Himmel theilet die Horizontfläche in zwei gleiche Theile, sie bekömmt nur das halbe Tageslicht. Zwei Mauern, die einen rechten Winkel einschließen, lassen in die Ecke nur den vierten Theil des Tageslichts fallen. Der Ueberschlag, der wie vielste Theil des Tageslichts auf eine Stelle fallen kann, bestimmt die Grade der Dunkelheit oder des Schattens.

Schlußanmerkung über den Gebrauch der Kupfertafeln.

Ueberhaupt würde es gut seyn, wenn man sich die Kupfertafeln, um desto bequemer nach den Anweisungen des Buchs etwas darauf ausmessen zu können, besonders heften ließe, damit sie nicht gebrochen werden, und man sie ausgebreitet vor sich hinlegen könne. Die achte Tafel, worauf die Landschaft befindlich, würde ich noch insbesondere auf starkes Papier oder Leinwand zu ziehen rathen, damit man darauf die im 32. und 33. Paragraph gelehrten Regeln so viel bequemer anwenden könne.

Endlich sind auf der 9ten und 10ten Tafel ein kleinerer und größerer Proportionalzirkel abgebildet, welche man, so wie sie sind, sich auf Holz leimen, und mit einem Gewinde versehen lassen kann; wenn mans nicht daran wenden will, sich dergleichen Zirkel von Messing verfertigen zu lassen. In der That kann man, da es hier nicht auf geometrische Genauigkeit so sehr, als nur darauf ankömmt, daß nur nicht die Illusion durch große Fehler gestört wird, auch schon ziemlich mit dergleichen auf Holz gezogenen Proportionalzirkeln zurecht kommen.

Innhalt.

Seite

Zweyter Abschnitt.

Bestimmung der vier Hauptfundamente einer perspektivischen Zeichnung.

Dritter Abschnitt.

Beschreibung des perspektivischen Proportionalzirkels.

Vierter Abschnitt.

Endzweck der folgenden Anweisungen. Perspektivisches Auftragen solcher Längen, die mit den Seiten der Tafel parallel sind, oder der perspektivischen Verkürzungen.

§. 19.

Seite

Fünfter Abschnitt.

Perspektivisches Auftragen der Linien und Winkel.

Sechster Abschnitt.

Auflösung der Aufgabe, einem jeden Punkt auf (oder über) der Horizontalfläche seinen perspektivischen Ort so anzuweisen, wie es der geometrische Ort verlangt.

Sieben

Druckfehler.

S. 19. Z. 17. lese man S statt s.
— 20. Z. 13. — — wenn sie nicht über, statt wenn sie über.
— 48. letzte Zeile — 4. Fig. statt 5. Fig.
— 52. — 20. — — O p statt O P.
— 53. — 17. — — c O statt c o.
— 53. — 21 u. 25. — — O p statt o p.
— 56. — 3. von unten — — Q n statt Q p.
— 59. letzte Zeile — — S O statt 50.

www.ingramcontent.com/pod-product-compliance
Lightning Source LLC
La Vergne TN
LVHW092105300926
849161LV00002B/42
* 9 7 8 3 1 1 2 6 8 3 3 9 2 *